JN189401

Rによるテキストマイニング

tidytextを活用した
データ分析と可視化の基礎

Julia Silge
David Robinson　著

大橋 真也　監訳
長尾 高弘　訳

Text Mining with R
A Tidy Approach

Julia Silge and David Robinson

Beijing · Boston · Farnham · Sebastopol · Tokyo

はじめに

　読者のみなさんが私たちのようにデータ分析やデータサイエンスの仕事をされていているなら、いまだかつてないペースで次々とデータが生成されていることはよくご存知でしょう（この事実を仰々しく言う人たちには少しうんざりしているかもしれません）。多くのアナリストたちは、数値で構成される矩形のデータの処理ができるように訓練されていますが、今日氾濫しているデータの多くは非定型でテキストの比重が高くなっています。しかし、データ分析の分野の多くの人は、自然言語解釈については最も簡単な手法の訓練さえ受けていません。

　私たちは tidytext（Silge and Robinson 2016、https://github.com/juliasilge/tidytext）というRパッケージを開発しました。データラングリングと可視化のためのさまざまな手法があるのに、その手法を簡単にテキストに応用することができなかったからです。私たちは、整理データ原則（tidy data principle）を使うと、さまざまなテキストマイニングの仕事が簡単で効果的なものになり、すでに広く使われているツールと共存して利用できることに気付きました。テキストを個々の単語のデータフレームとして扱うと、テキストの特性を簡単に操作、集計、可視化できるようになり、すでに使用している効果的なワークフローに自然言語処理を組み込めるのです。

　本書は、tidytextパッケージとその他の整理ツールを使ったRによるテキストマイニングの入門書です。tidytextパッケージが提供する関数は比較的単純です。大切なのは、どのように応用できるかです。本書には、現実的なテキストマイニングの問題を扱った魅力的な例が含まれています。

概要

まず、整理テキスト形式（tidy text format）とは何かを説明してから、dplyr、tidyr、tidytextを使ってこのデータ構造から内容の豊かな分析を引き出す方法を示します。

- 第1章は、整理テキスト形式とunnest_tokens()関数の概要を説明するとともに、本書全体を通じて使う文学テキストデータセットを提供するgutenbergr、janeaustenrパッケージを紹介します。
- 第2章は、tidytextのsentimentsデータセットとdplyrのinner_join()を使って整理テキストデータセットのセンチメント分析を行う方法を説明します。
- 第3章は、特定の文書の中で特に重要な単語（term）を探し出すための指標であるtf-idf（単語の出現頻度と逆文書頻度）を説明します。
- 第4章は、nグラムを紹介し、widyr、ggraphパッケージを使ったテキスト内の単語のネットワークの分析方法を説明します。

テキスト分析のあらゆるステージで整理テキスト形式が使えるわけではないので、整理形式と未整理形式との間で相互変換できるようにしておくことが重要になります。

- 第5章は、文書-単語行列（DTM：document term matrix）とtmパッケージ、quantedaパッケージで使われているCorpasオブジェクトを整理する方法を紹介し、さらに整理テキスト形式をDTMにキャストする方法を説明します。
- 第6章は、トピックモデリングの概念を説明し、tidy()関数を使ってtopicmodelsパッケージの出力を解釈、可視化する方法を示します。

最後の部分では、それまでに学んだ整理テキストマイニングの手法を組み合わせて分析を進めるケーススタディを紹介します。

- 第7章は、われわれ著者2人のTwitterアーカイブを分析して整理テキスト分析の応用方法を示します。デビッドとジュリアのツイートにはどのような違いが現れているでしょうか。
- 第8章は、NASAの32,000以上のデータセットのメタデータ（JSON形式）を題材として、データセットに人間が付けたキーワードとタイトル、説明にどの

ような関連性があるかを探ります。

- 第9章は、Usenetの複数のニュースグループ（政治、アイスホッケー、テクノロジー、宗教などのテーマを扱う）に属する多様なメッセージを分析して、グループごと、あるいはグループを越えたパターン、傾向を解明します。

本書では扱わないこと

本書は、プログラム例を満載した整理テキストマイニングフレームワークの入門書ですが、自然言語処理のあらゆる分野を取り上げるところまではとても達していません。コンピュータ言語学のためにR言語を使うほかの方法については、CRAN Task View on Natural Language Processing（https://cran.r-project.org/ view=NaturalLanguageProcessing）で詳しく説明されています。読者のニーズによっては、本書を読むだけではなく、詳しく掘り下げた方がよい分野がいくつかあります。

クラスタリング、分類、予測

テキストを対象とする機械学習は、それだけで多くの説明が必要になる広大な分野です。第6章では、教師なしクラスタリングの1つの方法（トピックモデリング）を紹介しますが、テキスト処理に向く機械学習アルゴリズムはほかにもたくさんあります。

分散表現（単語埋め込み）

最近人気を集めているテキスト分析のアプローチで、単語をベクトル表現にマッピングするものです。このベクトル表現は、単語間の言語学的な関係を解析したり、テキストを分類したりするために使います。このような単語の表現は、本書で考えているような意味では整理データではありませんが、機械学習アルゴリズムの中では強力な活用方法があります。

より複雑なトークン化

tidytextパッケージは、トークン化のためにtokenizersパッケージ（Mullen 2016）に依存しています。tokenizers自体は、統一的なインターフェイスのもとにさまざまなトークン化関数をラップしたものですが、特定の用途のために作られたトークン化関数はほかにもたくさんあります。

英語以外の言語

ユーザの中には、英語以外の言語のテキストマイニングでtidytextの利用に成功している人々もいますが、本書では、そのような例については取り上げていません[*1]。

本書について

本書は、実践的なプログラム例とデータの探索に重点を置いています。数式も少しありますが、コード例を豊富に示しています。特に、文学書、ニュース記事、ソーシャルメディアを分析して、本物の知見、洞察を得ることに力点を置いています。

テキストマイニングの予備知識は不要です。言語学者やテキストアナリストは、本書の例を見て初歩的だと思われるでしょうが、そのような人でも、このフレームワークを基礎として分析を進めることはできると思っています。

読者が少なくともRのdplyr、ggplot2、%>%（パイプ演算子）を知っていて、これらのツールをテキストデータの分析に使うことに興味があることを前提として説明を進めていきます。この知識がない読者には、Hadley Wickham と Garrett Grolemund 著『Rではじめるデータサイエンス』（原題 *R for Data Science*、オライリー）を読むことをお勧めします。整理データの基本的な知識と興味があれば、Rを使い始めたばかりの人でも本書のプログラム例を理解し、応用することができるでしょう。

本書を紙の本で読んでいる方には、図版がカラーではなくグレースケールになっています。カラー版は本書のGitHubページ（https://github.com/dgrtwo/tidy-text-mining）で確認できます。

本書の表記法

本書は、次のような表記法を使っています。

太字（サンプル）

新しい用語を示します。

[*1] 訳注：日本語でテキストマイニングを行うには、RMeCabを使って行うのが一般的です。RMeCabによるテキストマイニングはWebの付録を参照してください（https://www.oreilly.co.jp/books/9784873118307/）。

等幅 (`sample`)

> プログラムリストで使われるほか、本文中でも、変数／関数名、データベース、データ型、環境変数、文、キーワードなどのプログラムの要素を示すために使います。

 ヒントとなる事項を示します。

 一般的なメモです。

 特に注意すべきことを示します。

コード例の利用について

　ほとんどの主要な分析についてはコードを示していますが、同様のプロットを作るためのコードをすでに示している場合には、紙数の都合上、そのコードを省略している部分があります。そのようなコードは、前に示した例を参考にすれば書けるはずですし、実際に使ったコードは、本書のGitHubリポジトリ（https://github.com/dgrtwo/tidy-text-mining）から入手できます。

　本書は、みなさんの仕事をお手伝いするためのものです。一般に、本書のプログラム例は、みなさんのプログラムやドキュメントで自由に使っていただいてかまいません。かなりの部分を複製するようなことがなければ、許可を取る必要はありません。たとえば、本書の複数のコードを使ったプログラムを書くときには、許可は不要です。しかし、本書に含まれているプログラム例のCD-ROMを販売、配布するときには許可が必要です。本書の説明やプログラム例を引用して質問に答えるときには、許可は不要です。製品のドキュメントに本書のプログラム例のかなりの部分

を引用する場合は、許可が必要です。

　出典を示していただけるのはありがたいことですが、示すのを強制するつもりはありません。出典を示す場合は、一般にタイトル、著者、版元、ISBNを表示してください。たとえば、『Text Mining with R』（Julia Silge、David Robinson著、O'Reilly、Copyright 2017 Julia Silge and David Robinson、ISBN978-1-491-98165-8、邦題『Rによるテキストマイニング』オライリー・ジャパン、ISBN978-4-87311-825-3）のようにしていただけるとありがたいです。

　コード例の使い方が公正使用の範囲を越えたり、上記の説明で許可されていないのではないかと思われる場合は、気軽にpermissions@oreilly.comにご連絡ください。

問い合わせ先

　本書に対するコメントや質問は出版社にご連絡ください。

　　株式会社オライリー・ジャパン
　　電子メール japan@oreilly.co.jp

　また、本書のWebサイトを用意しています。

　　http://shop.oreilly.com/product/0636920067153.do（原書）
　　https://www.oreilly.co.jp/books/9784873118307/（日本語版）

　本書に関する技術的な質問やコメントは、以下にメールを送信してください。

　　bookquestions@oreilly.com

　当社の書籍、コース、カンファレンス、ニュースに関する詳しい情報は、当社のWebサイトを参照してください。

　　http://www.oreilly.com（英語）
　　https://www.oreilly.co.jp（日本語）

　当社のFacebookは以下の通り。

　　http://facebook.com/oreilly

　当社のTwitterは以下でフォローできます。

　　http://twitter.com/oreillymedia

YouTubeで見るには以下にアクセスしてください。

http://www.youtube.com/oreillymedia

謝辞

このプロジェクトを先に進めるために、さまざまな形で支援してくださった方々に感謝しています。その中でも、特に名前を挙げて感謝の気持ちを表したい人と組織があります。

まず、tidytextパッケージの開発に力を貸してくれたOliver Keyes、Gabriela de Queiroz、tokenizersパッケージ（https://github.com/ropensci/tokenizers）を開発したLincoln Mullen、quantedaパッケージ（https://github.com/kbenoit/quanteda）を開発したKenneth Benoit、ggraphパッケージ（https://github.com/thomasp85/ggraph）を開発したThomas Pedersen、整理データ原則の枠組みを作り、整理データ用ツールを開発したHadley Wickhamの各氏に感謝したいと思います。また、私たちが整理データに関わるようになったのはアンカンファレンス[*1]でしたが、それを主催してくれたKarthik Ram氏とrOpenSci（https://ropensci.org/）、Juliaのためにチャンスとサポートを提供してくれたNASA Datanoutsプログラム（https://open.nasa.gov/explore/datanauts/）にも感謝しています。

本書は徹底的なテクニカルレビューを受けています。慎重なレビューによって品質が大幅に向上しました。テクニカルレビューのために時間と労力を注いでくださったMara Averick、Carolyn Clayton、Simon Jackson、Sean Kross、Lincoln Mullenの各氏に感謝します。

本書は、プルリクエスト（pull request）やイシュー（issue）を通じて複数の人々が参加できるオープンな場で執筆されました。GitHubを通じてこのような形で力を貸してくださった @ainilaha、Brian G. Barkley、Jon Calder、@eijoac、Marc Ferradou、Jonathan Gilligan、Matthew Henderson、Simon Jackson、@jedgore、@kanishkamisra、Josiah Parry、@suyi19890508、Stephen Turner、Yihui Xieの各氏に感謝します。

最後に、本書をJuliaの夫のRobert、Davidの妻のDanaに捧げたいと思っています。感謝の気持ちは言い出せばきりがありませんが、ここでは心からの感謝を捧げます。

[*1]　訳注：テーマや講演者等を参加者が決めていく、参加者主導のカンファレンス。

目次

1章
整理テキスト形式

　整理データ原則（tidy text principal）は、データの効果的で簡単な処理のために威力を発揮し、それはテキストを扱うときにも同様です。Hadley Wickham（Wickham 2014）が書いているように、整理データは決められた構造を持っています。

- 個々の変数を1つの列にします。
- 個々の観測を1つの行にします。
- 個々のタイプの観測の単位が表です。

　これを基に、整理テキスト形式とは、**1行に1つのトークンからなる表**と定義します。トークンとは、テキストの単位として意味のあるもの（たとえば単語）のことで、分析のときに注目する対象です。トークン化とは、テキストをトークンに分割する処理です。1行1トークンという構造は、現在の分析でよく使われている文字列やDTM（document-term-matrix：文書-単語行列）といった格納形式とは対照的です。整理テキストマイニングでは、各行に格納される**トークンは1つの単語**になるのが普通ですが、nグラムやセンテンス（sentence）、段落（paragraph）になることもあります。tidytextパッケージには、これらのよく使われる単位でテキストをトークン化関数や、1行1トークンの形式に変換する関数が含まれています。

　整理データセットは、dplyr（Wickham and Francois 2016）、tidyr（Wickham 2016）、ggplot2（Wickham 2009）、broom（Robinson 2017）といったパッケージをはじめ「整理する」（tidy）ためのツールセットで操作できます。入出力を整理形式の表にしてあれば、ユーザはこれらのパッケージの間を自由に行き来できます。私たちが気付いたのは、テキストのさまざまな分析、探索にも、整理ツールが自然に応用できることです。

　その一方で、tidytextパッケージは、分析中にテキストデータを常に整理デー

タ形式に保つことを求めてはいません。tidytextには、tm（Feinerer et al. 2008）、quanteda（Benoit and Nulty 2016）などの広く使われているRのテキストマイニングパッケージが出力するオブジェクトを整理する関数（broomパッケージ [Robinson, 既出] 参照）が含まれています。そのため、たとえばdplyrなどの整理ツールでデータをインポート、フィルタリング、処理してからデータをDTM（文書-単語行列）に変換し、機械学習アプリケーションで処理するというワークフローを実現できます。このようにして得られたモデルは、再び整理形式に変換すれば、ggplot2で解釈し、可視化することができます。

1.1　整理テキストとほかのデータ構造の比較

先ほど述べたように、整理テキスト形式は1行に1トークンの表であると定義しました。テキストデータをこの形式にまとめれば、整理データ原則に従うことになり、一連の整理ツールで操作できるようになります。テキストマイニングのアプローチでよくテキストが格納される形式と整理テキスト形式を比較することには意味があります。

文字列

もちろん、Rではテキストを文字列（すなわち文字ベクトル）として格納することができます。そして、テキストデータをまずこの形式でメモリに読み込むことが多いでしょう。

コーパス

この形式のオブジェクトは、一般に未加工の文字列にメタデータや詳細情報のアノテーション（注釈）を付加したものを格納します。

DTM（文書-単語行列）

1つの文書を1行、1つの単語を1列とする疎行列で文書のコレクション（すなわちコーパス）を表現したもの。行列内の値は、一般に単語の出現頻度かtf-idf（第5章参照）です。

コーパスやDTMオブジェクトについては第5章で改めて考えるとして、ここではテキストを整理形式に変換する基本を説明します。

1.2 unnest_tokens関数

エミリー・ディキンソンは、55年の生涯においてすばらしい文学作品を残しています。次は彼女の有名な詩の一節です[1]。

```
text <- c("Because I could not stop for Death -",
          "He kindly stopped for me -",
          "The Carriage held but just Ourselves -",
          "and Immortality")

text
## [1] "Because I could not stop for Death -"    "He kindly stopped for me -"
## [3] "The Carriage held but just Ourselves -" "and Immortality"
```

これは分析したいと思う文字ベクトルの典型例です。これを整理テキストのデータセットに変換するためには、まずこれをデータフレームに変換する必要があります。

```
library(dplyr)
text_df <- data_frame(line = 1:4, text = text)

text_df

## # A tibble: 4 × 2
##    line                                      text
##   <int>                                     <chr>
## 1     1   Because I could not stop for Death -
## 2     2            He kindly stopped for me -
## 3     3 The Carriage held but just Ourselves -
## 4     4                       and Immortality
```

このデータフレームの先頭は「tibble」と出力されていますが、これにはどのような意味があるのでしょうか。tibbleは、dplyr、tibbleパッケージで使われているRの新しいタイプのデータフレームで、便利な表示メソッドがあり、文字列をファクタに変換せず、行名を使わないという特徴を持っています。tibbleと整理ツールの

---

[1] 訳注：
　　　　私が「死」のために立ち止まれなかったので
　　　　「死」がこころよく立ち止まってくれた
　　　　馬車には私たち二人
　　　　そして「不滅」とだけ ―― 　　　中島完訳

相性の良さは抜群です。

　しかし、このデータフレームに含まれたテキストは、まだ整理テキスト分析には使うことができません。各行が複数の単語を連結したものになっているため、一部の単語を取り除いたり、単語の出現頻度を数えたりすることはできません。これをさらに**1行に1文書の1トークン**の形式に変換する必要があります。

 トークンは、さらなる分析のために使うことができるテキストの有意な単位のことで、ほとんどの場合は1つの単語（word）です。トークン化とは、テキストをトークンに分割する処理のことです。

　この最初の例では、文書（詩）は1つだけですが、すぐに複数の文書を扱う例も取り上げます。

　本書の整理テキストフレームワークでは、テキストを個々のトークンに分割する（**トークン化**: tokenizationと呼ばれる作業）**とともに**、整理データ構造に変換する必要があります。そのために、tidytextのunnest_tokens()関数を使います。

```
library(tidytext)

text_df %>%
  unnest_tokens(word, text)

## # A tibble: 20 × 2
##     line     word
##    <int>    <chr>
## 1      1  because
## 2      1        i
## 3      1    could
## 4      1      not
## 5      1     stop
## 6      1      for
## 7      1    death
## 8      2       he
## 9      2   kindly
## 10     2  stopped
## # ... with 10 more rows
```

　ここで使われているunnest_tokensの2つの引数は、列名です。まず、第1引数(この場合はword)は、テキストをどこまでアンネストするかを示す出力列名で、第2

引数(この場合はtext)は、テキストの供給源である入力列です。上のtext_dfには、分析したいデータが含まれているtextという列が含まれていたことを思い出してください。

unnest_tokensを実行すると、入力の各行が分割され、新しいデータフレームでは各行に1つのトークン(単語)が含まれるようになります。unnest_tokensのデフォルトのトークン化処理は、ここに示すように、1語ずつへの分割です。また、次のような処理が行われていることに注意してください。

- ほかの列(この場合は、個々の単語がどの行に含まれているか)は残されます。
- 句読点、記号は取り除かれます。
- デフォルトでは、unnest_tokensはトークンを小文字に変換するため、ほかのデータセットと比較、結合しやすくなっています(この操作は、to_lower = FALSE引数を指定すれば行われません)。

テキストデータをこの形式にすれば、**図1-1**に示すように、dplyr、tidyr、ggplot2などの標準的な整理ツールセットでテキストを操作、処理、可視化することができます。

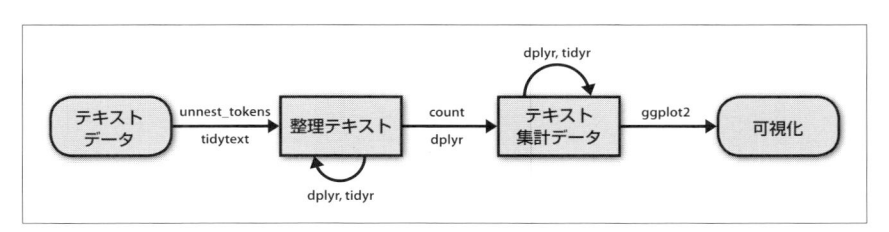

図1-1　整理データ原則を使った典型的なテキスト分析のフローチャート

1.3　ジェーン・オースティンの作品の整理

janeaustenrパッケージ(Silge 2016、https://cran.r-project.org/package=janeaustenr)に含まれているジェーン・オースティンの6篇の全小説のテキストを整理形式に変換しましょう。janeaustenrパッケージは、実際の本の1行として印刷されている行を1行とする形式でテキストを提供しています。まず、このテキストに、もとの形式での行番号のlinenumberと章番号のchapter(正規表現で検出)をmutate()で追加したものを作成します。

```
library(janeaustenr)
library(dplyr)
library(stringr)

original_books <- austen_books() %>%
  group_by(book) %>%
  mutate(linenumber = row_number(),
         chapter = cumsum(str_detect(text, regex("^chapter [\\divxlc]",
                                                 ignore_case = TRUE)))) %>%
  ungroup()

original_books

## # A tibble: 73,422 × 4
##                      text               book linenumber chapter
##                     <chr>             <fctr>      <int>   <int>
## 1   SENSE AND SENSIBILITY Sense & Sensibility          1       0
## 2                         Sense & Sensibility          2       0
## 3         by Jane Austen Sense & Sensibility          3       0
## 4                         Sense & Sensibility          4       0
## 5                  (1811) Sense & Sensibility          5       0
## 6                         Sense & Sensibility          6       0
## 7                         Sense & Sensibility          7       0
## 8                         Sense & Sensibility          8       0
## 9                         Sense & Sensibility          9       0
## 10             CHAPTER 1 Sense & Sensibility         10       1
## # ... with 73,412 more rows
```

このデータを整理データセットとして操作するためには、先ほどと同じように
unnest_tokens()関数を使って、1行1トークン形式に変換します。

```
library(tidytext)
tidy_books <- original_books %>%
  unnest_tokens(word, text)

tidy_books

## # A tibble: 725,054 × 4
##                   book linenumber chapter        word
##                 <fctr>      <int>   <int>       <chr>
## 1 Sense & Sensibility          1       0       sense
## 2 Sense & Sensibility          1       0         and
## 3 Sense & Sensibility          1       0 sensibility
## 4 Sense & Sensibility          3       0          by
## 5 Sense & Sensibility          3       0        jane
```

```
## 6  Sense & Sensibility        3        0    austen
## 7  Sense & Sensibility        5        0      1811
## 8  Sense & Sensibility       10        1   chapter
## 9  Sense & Sensibility       10        1         1
## 10 Sense & Sensibility       13        1       the
## # ... with 725,044 more rows
```

この関数は、tokenizers パッケージ（https://github.com/ropensci/tokenizers）を使って、もとのデータフレームの各行をトークンに分割しています。デフォルトのトークンは単語ですが、文字、 n グラム、センテンス、行、段落、正規表現パターンによる分割などのオプションがあります。

データが 1 行 1 単語形式になったので、dplyr などの整理ツールでデータを操作できます。テキスト分析では、**ストップワード**（stop word）を多くの場合取り除きます。ストップワードとは、英語の「the」、「of」、「to」などのように、あまりに多く出現するために分析の役に立たない単語のことです。anti_join() を使えば、ストップワード（stop_words という tidytext データセットで管理されています）を取り除くことができます。

```
data(stop_words)

tidy_books <- tidy_books %>%
  anti_join(stop_words)
```

tidytext パッケージの **stop_words** データセットには、3 つの辞書のストップワードが含まれています。ここで示したように、含まれているストップワードをすべて取り除くこともできますし、分析のニーズに合わせて filter() で 1 セットのストップワードだけを選んで使うこともできます。

また、dplyr の count() を使えば、6 冊全体での最頻出語を探し出すこともできます。

```
tidy_books %>%
  count(word, sort = TRUE)

## # A tibble: 13,914 × 2
##      word     n
##     <chr> <int>
## 1    miss  1855
## 2    time  1337
```

```
## 3    fanny   862
## 4    dear    822
## 5    lady    817
## 6     sir    806
## 7     day    797
## 8    emma    787
## 9  sister    727
## 10  house    699
## # ... with 13,904 more rows
```

　整理ツールを使ってデータを操作しているので、語数も整理データフレームに格納されます。そのため、たとえば出力を直接ggplot2パッケージにパイプ (%>%) でつないで、最頻出語のグラフを作ることができます（**図1-2**参照）。

```
library(ggplot2)

tidy_books %>%
  count(word, sort = TRUE) %>%
  filter(n > 600) %>%
  mutate(word = reorder(word, n)) %>%
  ggplot(aes(word, n)) +
  geom_col() +
  xlab(NULL) +
  coord_flip()
```

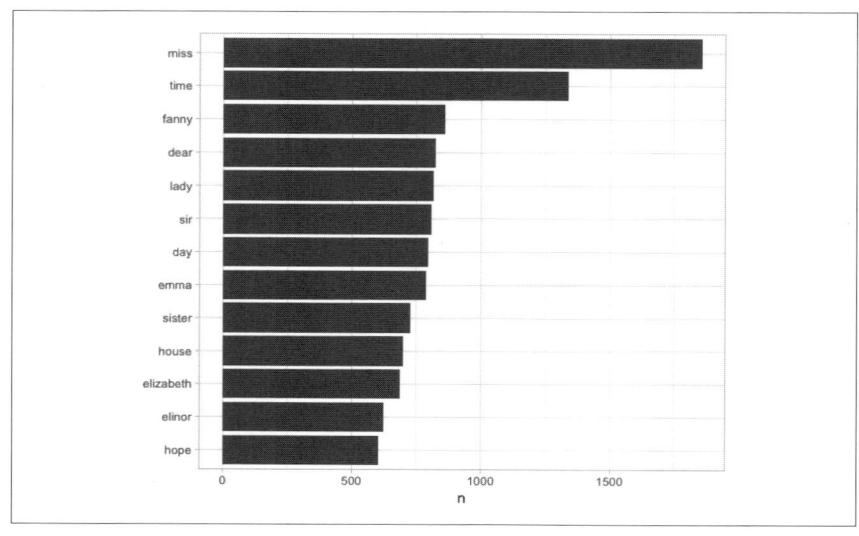

図1-2　ジェーン・オースティンの小説の最頻出語

austen_books()関数では、最初から分析したいテキストが得られましたが、ヘッダーの著作権情報や書式設定を取り除くなどのクリーニングが必要な場合もあります。ケーススタディの章、特に「9.1　前処理」では、この種の前処理の例も紹介します。

1.4　gutenbergrパッケージ

テキストを整理する方法を説明するためにjaneaustenrパッケージを使ったので、併せてgutenbergrパッケージ（Robinson 2016、https://github.com/ropenscilabs/gutenbergr）も紹介しておきましょう。gutenbergrパッケージを使うと、Project Gutenbergコレクション（https://www.gutenberg.org/）のパブリックドメイン作品にアクセスすることができます。このパッケージには、本をダウンロードする（このときに邪魔なヘッダーやフッターを取り除きます）ためのツールと、作品にアクセスする際に使えるProject Gutenbergメタデータの完全なデータセットが含まれています。本書では、IDを指定してProject Gutenbergの作品をダウンロードするgutenberg_download()関数を使いますが、メタデータについて調べたり、IDとタイトル、作者、言語などを突き合わせたり、作者についての情報を集めたりすることができる関数もあります。

> gutenbergrは、rOpenSciのデータアクセスパッケージの1つです。gutenbergrの詳細については、rOpenSciのチュートリアル（https://ropensci.org/tutorials/gutenbergr_tutorial.html）を参照してください。

1.5　単語の出現頻度

テキストマイニングでは、先ほどジェーン・オースティンの小説について行ったように、単語の出現頻度を確認することや、異なるテキストの間で出現頻度を比較したりすることが一般的です。整理データ原則を使えば、これを直観的かつスムーズに行うことができます。すでにジェーン・オースティンの作品のテキストはあるので、比較対象となるテキストをあと2セット入手しましょう。まず、19世紀末から20世紀始めにかけて活躍したH・G・ウェルズのSFとファンタジー小説を調べてみましょう。『タイム・マシン』（https://www.gutenberg.org/ebooks/35）、『宇宙戦

争』（https://www.gutenberg.org/ebooks/36）、『透明人間』（https://www.gutenberg.
org/ebooks/5230）、『モロー博士の島』（https://www.gutenberg.org/ebooks/159）を
入手しましょう。これらの作品のテキストを入手するにはgutenberg_download()に
それぞれのProject Gutenberg IDを指定して呼び出します。

```
library(gutenbergr)

hgwells <- gutenberg_download(c(35, 36, 5230, 159))

tidy_hgwells <- hgwells %>%
  unnest_tokens(word, text) %>%
  anti_join(stop_words)
```

試しに、H・G・ウェルズのこれら4作品の最頻出語を調べてみましょう。

```
tidy_hgwells %>%
  count(word, sort = TRUE)

## # A tibble: 11,769 × 2
##      word     n
##     <chr> <int>
## 1    time   454
## 2  people   302
## 3    door   260
## 4   heard   249
## 5   black   232
## 6   stood   229
## 7   white   222
## 8    hand   218
## 9    kemp   213
## 10   eyes   210
## # ... with 11,759 more rows
```

　次に、ジェーン・オースティンと活躍した時代が重なっているものの、作風が
かなり異なるブロンテ姉妹の有名な作品を調べてみましょう。『ジェーン・エア』
（https://www.gutenberg.org/ebooks/1260）、『嵐が丘』（https://www.gutenberg.
org/ebooks/768）、『ワイルドフェル・ホールの住人』（https://www.gutenberg.org/
ebooks/969）、『ヴィレット』（https://www.gutenberg.org/ebooks/9182）、『アグネ
ス・グレイ』（https://www.gutenberg.org/ebooks/767）を入手しましょう。今回も、
gutenberg_download()に各作品のProject Gutenberg IDを指定して呼び出します。

```
bronte <- gutenberg_download(c(1260, 768, 969, 9182, 767))

tidy_bronte <- bronte %>%
  unnest_tokens(word, text) %>%
  anti_join(stop_words)
```

ブロンテ姉妹のこれらの5つの小説の最頻出語はどのようなものでしょうか。

```
tidy_bronte %>%
  count(word, sort = TRUE)

## # A tibble: 23,051 × 2
##      word     n
##      <chr> <int>
## 1    time  1065
## 2    miss   855
## 3     day   827
## 4    hand   768
## 5    eyes   713
## 6   night   647
## 7   heart   638
## 8  looked   602
## 9    door   592
## 10   half   586
## # ... with 23,041 more rows
```

　興味深いことに、「time」、「eyes」、「hand」がH・G・ウェルズとブロンテ姉妹の両方のトップ10に含まれています。

　次に、データフレームを結合してジェーン・オースティン、ブロンテ姉妹、H・G・ウェルズのこれらの作品に含まれる各単語の出現頻度を計算しましょう。tidyrのspreadとgatherを使えば、3つの小説群の頻出語のプロットを作り、比較するために必要な形にデータフレームを変形できます。

```
library(tidyr)

frequency <- bind_rows(mutate(tidy_bronte, author = "Brontë Sisters"),
                       mutate(tidy_hgwells, author = "H.G. Wells"),
                       mutate(tidy_books, author = "Jane Austen")) %>%
  mutate(word = str_extract(word, "[a-z']+")) %>%
  count(author, word) %>%
  group_by(author) %>%
  mutate(proportion = n / sum(n)) %>%
  select(-n) %>%
```

```
spread(author, proportion) %>%
gather(author, proportion, `Brontë Sisters`:`H.G. Wells`)
```

　ここでstr_extract()を使用しているのは、Project GutenbergのUTF-8テキスト
には、強調（斜体など）を示すためにアンダースコアで囲んだ単語が含まれているか
らです。トークン化関数はこれらを単語として扱っていますが、str_extract()を
使わなかった最初の探索のときのように「*any*」と「any」を別の単語として数えるの
は避けたいところです。

　そこで、プロットしてみましょう（**図1-3**）。

```
library(scales)

# 欠損値を含む行が削除されたことについての警告が表示されます。
ggplot(frequency, aes(x = proportion, y = `Jane Austen`,
                      color = abs(`Jane Austen` - proportion))) +
geom_abline(color = "gray40", lty = 2) +
geom_jitter(alpha = 0.1, size = 2.5, width = 0.3, height = 0.3) +
geom_text(aes(label = word), check_overlap = TRUE, vjust = 1.5) +
scale_x_log10(labels = percent_format()) +
scale_y_log10(labels = percent_format()) +
scale_color_gradient(limits = c(0, 0.001),
                     low = "darkslategray4", high = "gray75") +
facet_wrap(~author, ncol = 2) +
theme(legend.position="none") +
labs(y = "Jane Austen", x = NULL)
```

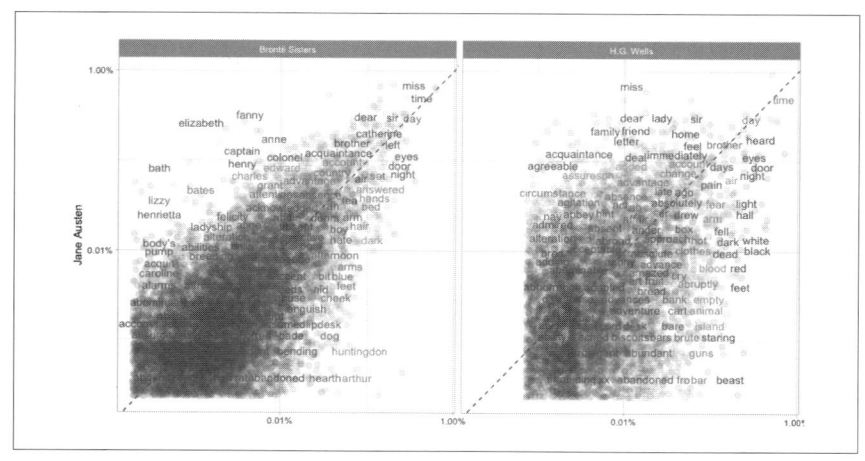

図1-3　ジェーン・オースティンとブロンテ姉妹、H・G・ウェルズの頻出語の比較

　図の破線の近くにある単語は、両方のテキストにおける出現頻度が同程度であることを示しています。たとえば、オースティンとブロンテ姉妹のテキストの比較では、両方に共通する最頻出語は「miss」、「time」、「day」となり、オースティンとウェルズのテキストの比較では、共通する最頻出語は「time」、「day」、「brother」となります。逆に、破線から遠く離れた単語は、2つのテキストの間で出現頻度に偏りがある単語です。たとえば、オースティンとブロンテ姉妹の比較プロットからは、「elizabeth」、「emma」、「fanny」といった単語（いずれも固有名詞）はオースティンの作品には頻出するものの、ブロンテ姉妹の作品にはあまり現れないことがわかります。逆に、「arthur」、「dog」といった単語はブロンテ姉妹の作品には頻出するものの、オースティンの作品にはほとんど現れません。H・G・ウェルズとオースティンの比較からは、ウェルズがよく使う「beast」、「guns」、「feet」、「black」は、オースティンではあまり使われておらず、逆に「family」、「friend」、「letter」、「dear」などはオースティンがよく使う一方でウェルズがあまり使わないことがわかります。

　全体として、**図1-3**では、オースティン-ブロンテのプロットに含まれている単語の方が、オースティン-ウェルズのプロットに含まれている単語よりも x 軸に近いことがわかります。また、オースティン-ブロンテのプロットには出現頻度の低い単語も含まれているのに、オースティン-ウェルズのプロットには出現頻度の低い単語の部分に大きな空白があることもわかります。これらの特徴は、オースティンとブロンテ姉妹の方がオースティンとウェルズよりも使用語彙が近いことを示しています。また、3種類のテキストに含まれているすべての単語が含まれているわけではないこと、オースティンとウェルズのプロットの方がデータポイントが少ないこともわかります。

　では、相関係数の検定を使って、これらの頻出語統計の間の類似度がどれくらいなのかを数量化してみましょう。オースティンとブロンテ姉妹、オースティンとウェルズの頻出語にどれくらいの相関関係があるのでしょうか。

```
cor.test(data = frequency[frequency$author == "Brontë Sisters",],
         ~ proportion + `Jane Austen`)

##
##  Pearson's product-moment correlation
##  （ピアソンの積率相関係数）
##
## data:  proportion and Jane Austen
```

```
## t = 119.64, df = 10404, p-value < 2.2e-16
## alternative hypothesis: true correlation is not equal to 0
## 95 percent confidence interval:
##  0.7527837 0.7689611
## sample estimates:
##       cor
## 0.7609907

cor.test(data = frequency[frequency$author == "H.G. Wells",],
         ~ proportion + `Jane Austen`)

##
##  Pearson's product-moment correlation
##
## data:  proportion and Jane Austen
## t = 36.441, df = 6053, p-value < 2.2e-16
## alternative hypothesis: true correlation is not equal to 0
## 95 percent confidence interval:
##  0.4032820 0.4446006
## sample estimates:
##       cor
## 0.424162
```

　プロットから読み取った通り、オースティン-ブロンテの頻出語の方がオースティン-ウェルズの頻出語よりも相関関係が高いことがわかります。

1.6　まとめ

　この章では、テキストにおける整理データの意味とは何か、整理データ原則が自然言語処理にどのように応用できるのかを探ってきました。テキストが1行1トークンの形式に構成されていれば、ストップワードの除去や単語の出現頻度の計算といったタスクは、整理ツールエコシステムのおなじみの操作を自然に応用したものになります。1行1トークンのフレームワークは、単語だけでなく、nグラム、その他テキストの意味のある単位に拡張できます。それだけでなく、本書で検討していくさまざまな分析にも応用できます。

# 2章

整理データを使った
センチメント分析

　前章では、整理テキスト形式とはどういうことであるかを探究し、単語の出現頻度の問題を解くためにこの形式がどのように利用できるかを示しました。これを使うことで、文書に含まれる最頻出語はどれかを分析し、また文書を比較しました。しかし、この章では話題を変え、意見マイニング（opinion mining）あるいはセンチメント分析（sentiment analysis）について考えることにします。文章を読むとき、人は言葉が持つ感情的（センチメント）な意図について、ポジティブなものかネガティブなものか、驚きとか嫌悪感といったもっと微妙な意味合いを持つ言葉で表現すべきものかといったことを推論します。**図2-1**に示すように、テキストマイニングのツールを使えば、プログラムを通じてテキストに含まれる感情的な要素にアプローチできます。

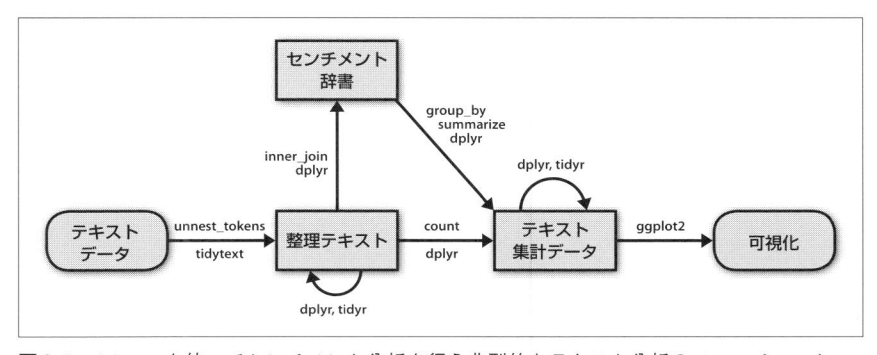

図2-1　tidytextを使ってセンチメント分析を行う典型的なテキスト分析のフローチャート

　テキストのセンチメント分析の方法の1つは、テキストを個別の単語の組み合わせと考え、テキスト全体の感情内容は個別の単語の感情内容の総和と考えるもので

す。センチメント分析のアプローチはこれだけではありませんが、これはよく使われるアプローチであり、整理ツールエコシステムの利点を自然に利用できるアプローチでもあります。

2.1　センチメントデータセット

章の冒頭で触れたように、テキストに含まれる意見や感情を評価するための方法や辞書にはさまざまなものがあります。tidytextパッケージのsentimentsデータセットには、複数のセンチメント辞書（lexicon）が含まれています。

```
library(tidytext)

sentiments
```

```
## # A tibble: 27,314 × 4
##            word sentiment lexicon score
##           <chr>     <chr>   <chr> <int>
## 1        abacus     trust     nrc    NA
## 2       abandon      fear     nrc    NA
## 3       abandon  negative     nrc    NA
## 4       abandon   sadness     nrc    NA
## 5     abandoned     anger     nrc    NA
## 6     abandoned      fear     nrc    NA
## 7     abandoned  negative     nrc    NA
## 8     abandoned   sadness     nrc    NA
## 9   abandonment     anger     nrc    NA
## 10  abandonment      fear     nrc    NA
## # ... with 27,304 more rows
```

使われている3つの汎用辞書は、次の通りです。

- Finn Årup Nielsen の AFINN 辞書（http://bit.ly/2s50F5w）
- Bing Liu らの Bing 辞書（http://bit.ly/2s4B254）
- Saif Mohammad、Peter Turney の NRC 辞書（http://bit.ly/2s4B8ts）

これら3つの辞書は、どれもユニグラム、つまり1つの単語を基本としています。これらの辞書には多数の英単語が含まれており、単語にはポジティブ/ネガティブな感情のスコアとjoy（喜び）、anger（怒り）、sadness（悲しみ）などの感情が与えられています。NRC辞書は、positive、negative、anger（怒り）、anticipation（期待）、

disgust（嫌悪感）、fear（恐れ）、joy（喜び）、sadness（悲しみ）、surprise（驚き）、trust（信頼）の感情がある単語を分類しています。AFINN辞書は、単語に-5から5までのスコアを与えており、負のスコアはネガティブな感情、正のスコアはポジティブな感情を示します。Bing辞書は、単語をpositiveかnegativeかに分類します。このすべての情報は、センチメントデータセットの中で、表形式で表されており、tidytextパッケージでは、get_sentiments()関数を使って、この辞書で使われていない不要な列を削除した形で、特定のセンチメント辞書を入手することができます。

```
get_sentiments("afinn")

## # A tibble: 2,476 × 2
##          word score
##         <chr> <int>
## 1     abandon    -2
## 2   abandoned    -2
## 3    abandons    -2
## 4    abducted    -2
## 5   abduction    -2
## 6  abductions    -2
## 7       abhor    -3
## 8    abhorred    -3
## 9   abhorrent    -3
## 10     abhors    -3
## # ... with 2,466 more rows
```

```
get_sentiments("bing")

## # A tibble: 6,788 × 2
##          word sentiment
##         <chr>     <chr>
## 1     2-faced  negative
## 2     2-faces  negative
## 3          a+  positive
## 4    abnormal  negative
## 5     abolish  negative
## 6  abominable  negative
## 7  abominably  negative
## 8   abominate  negative
## 9 abomination  negative
## 10      abort  negative
## # ... with 6,778 more rows
```

```
get_sentiments("nrc")

## # A tibble: 13,901 × 2
##            word sentiment
##           <chr>     <chr>
## 1       abacus     trust
## 2      abandon      fear
## 3      abandon  negative
## 4      abandon   sadness
## 5    abandoned     anger
## 6    abandoned      fear
## 7    abandoned  negative
## 8    abandoned   sadness
## 9  abandonment     anger
## 10 abandonment      fear
## # ... with 13,891 more rows
```

　これらのセンチメント辞書はどのように作成、検証されているのでしょうか。作成はクラウドソーシング（たとえば、Amazon Mechanical Turk）あるいは作者の1人の作業、検証はクラウドソーシング、レストランや映画の評価記事、Twitter データなどを組み合わせて行っています。このような事情を知ると、検証に使われたテキストとはスタイルが大きく異なる200年前に書かれた小説などの分析に、これらのセンチメント辞書を使うことにはためらいを感じるかもしれません。確かに、たとえばジェーン・オースティンの小説に対してこれらのセンチメント辞書を使っても、現代の書き手によるツイートに対して使ったときと比べて正確性には欠けるかもしれません。しかし、辞書とテキストの両方に載っている単語の感情内容は測れるはずです。

　なお、特定の分野のテキストを対象として作られた領域固有のセンチメント辞書もあります。たとえば、「**5.3.1　例：株式に関する記事のマイニング**」では、株式に関する記事専用のセンチメント辞書を使った分析を行います。

ここで説明している辞書ベースの方法は、テキストに含まれる個々の単語のセンチメントスコアを合計して、そのテキストのセンチメントスコアを計算します。

　英単語の多くは感情的な意味を持たないので、これらの辞書にはすべての英単語が含まれているわけではありません。また、これらの方法は、「no good」や「not true」のような単語の前の修飾語を考慮に入れないことに注意することが大切です。辞書ベースの方法は、ユニグラムだけに依拠するのです。多くのテキストでは（下の物語の例など）、皮肉めいた部分やネガティブな部分がずっと続くことはないので、このことにはそれほど大きな意味はありません。また、整理テキストアプローチを使えば、与えられたテキストの中でどのような種類のネガティブな単語が重要かを理解するための端緒が得られます。そのような分析の例については、第9章を参照してください。

　ユニグラムセンチメント分析の対象として使うテキストのサイズが分析に影響を与える場合があることにも注意してください。多数の段落から構成されるテキストは、ポジティブな感情もネガティブな感情も含んでおり、合計すると0に近くなってしまうことがよくあります。1センテンスだけ、あるいは1段落だけを対象とする方が、感情がはっきりとわかることが多いようです。

2.2　内部結合を使ったセンチメント分析

　整理形式のデータでは、**内部結合**（inner join）という形でセンチメント分析を行うことができます。これも、テキストマイニングを整理データ分析と考える方法が有効である例の1つです。ストップワードの除去が**アンチ結合**（anti-join）処理であるのと同じように、センチメント分析は内部結合処理なのです。

　NRC辞書で「joy」（喜び）の感情があるとされている単語に注目してみましょう。『エマ』の作中、喜びを表す言葉で最も多いものは何でしょうか。まず、「**1.3 ジェーン・オースティンの作品の整理**」で行ったように、小説のテキストを取り出し、unnest_tokens()を使って整理形式に変換します。個々の単語がどの章のどの行に含まれているのかを管理するための列も設定しておきましょう。管理用の列は、group_byとmutateで作ります。

```
library(janeaustenr)
library(dplyr)
library(stringr)

tidy_books <- austen_books() %>%
  group_by(book) %>%
```

```
mutate(linenumber = row_number(),
       chapter = cumsum(str_detect(text, regex("^chapter [\\divxlc]",
                                               ignore_case = TRUE)))) %>%
ungroup() %>%
unnest_tokens(word, text)
```

　unnest_tokens()の出力列の名前としてwordを選んだことに注意してください。
センチメント辞書とストップワードデータセットには列word列があるので、この単
語を選ぶと内部結合とアンチ結合が簡単になって便利です。

　これでテキストは1行1単語の整理形式になったので、センチメント分析を始め
られます。まず、filter()を使ってNRC辞書から喜びの単語だけを取り出しましょ
う。次に、filter()で小説6冊分のデータフレームから『エマ』の単語だけを取り出
し、inner_join()を使ってセンチメント分析を行います。『エマ』で最も多い喜びの
単語はどれでしょうか。dplyrのcount()を使って数えます。

```
nrcjoy <- get_sentiments("nrc") %>%
  filter(sentiment == "joy")

tidy_books %>%
  filter(book == "Emma") %>%
  inner_join(nrcjoy) %>%
  count(word, sort = TRUE)

## # A tibble: 303 × 2
##       word     n
##      <chr> <int>
## 1     good   359
## 2    young   192
## 3   friend   166
## 4     hope   143
## 5    happy   125
## 6     love   117
## 7     deal    92
## 8    found    92
## 9  present    89
## 10    kind    82
## # ... with 293 more rows
```

　ここには、hope、friend、love などのポジティブで幸せな気分になる単語がたく
さん含まれています。

　個々の小説の中で感情がどのように変化しているかを分析することもできます。主としてdplyr関数から構成される数行のコードで十分です。まず、Bing辞書との inner_join()で個々の単語のセンチメントスコアを調べます。

　次に、個々の本の定義された節にポジティブな単語とネガティブな単語が何個あるかを数えます。このとき、小説のどのあたりにいるのかを管理するために、indexを定義します。このインデックスは、テキストを80行ごとに区切って（整数除算で）作った節を数えたものです。

 %/%演算子は整数除算（x %/% yはfloor(x/y)と同じ）を行うので、index はポジティブな単語、ネガティブな単語を数えている80行の節がどれかを管理します。

　節が小さすぎると含まれている単語が少なすぎて感情の推定が得られませんが、大きすぎると物語の構造が失われてしまいます。この種の本では80行がちょうどよい感じですが、テキストによって、また各行がどれくらいの長さかなどのその他の要因によって適切な行数は変わります。次に、spread()を使ってネガティブな単語とポジティブな単語を別の列に分けます。最後に、センチメント量（positive - negative）を計算します。

```
library(tidyr)

janeaustensentiment <- tidy_books %>%
  inner_join(get_sentiments("bing")) %>%
  count(book, index = linenumber %/% 80, sentiment) %>%
  spread(sentiment, r, fill = 0) %>%
  mutate(sentiment = positive - negative)
```

　これで各作品の流れに沿ってセンチメントスコアがどのように変化しているかをプロットすることができます。x軸に節単位で物語の時間を管理しているindexを使用することに注意してください。

```
library(ggplot2)

ggplot(janeaustensentiment, aes(index, sentiment, fill = book)) +
  geom_col(show.legend = FALSE) +
  facet_wrap(~book, ncol = 2, scales = "free_x")
```

　図2-2は、小説の流れの中で話の筋がポジティブ、ネガティブのどちらの感情に向かっていくかを示しています。

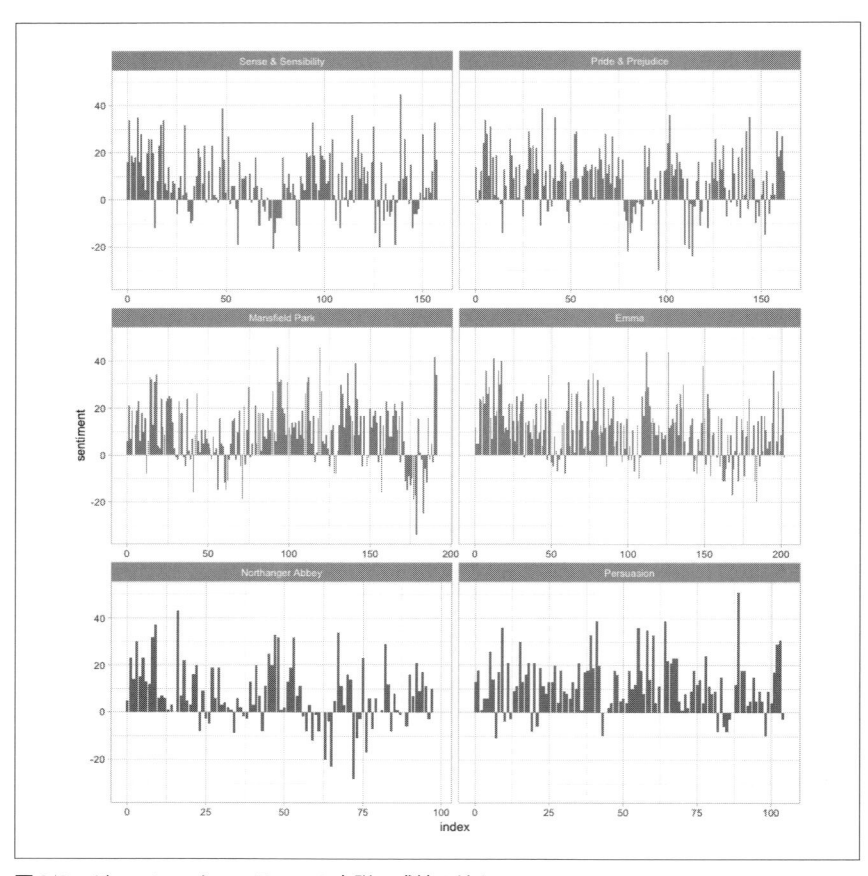

図2-2　ジェーン・オースティンの小説の感情の流れ

2.3　3つのセンチメント辞書の比較

　センチメント辞書は複数あるので、自分の目的に適したものはどれかについての手がかりがもう少しほしいところだと思います。3つのセンチメント辞書を全部使って『高慢と偏見』の筋に沿って感情がどのように変化しているかを調べてみましょう。まず、filter()を使って、この小説の単語だけを取り出します。

```
pride_prejudice <- tidy_books %>%
  filter(book == "Pride & Prejudice")

pride_prejudice

## # A tibble: 122,204 × 4
##               book linenumber chapter     word
##             <fctr>      <int>   <int>    <chr>
## 1  Pride & Prejudice          1       0    pride
## 2  Pride & Prejudice          1       0      and
## 3  Pride & Prejudice          1       0 prejudice
## 4  Pride & Prejudice          3       0       by
## 5  Pride & Prejudice          3       0     jane
## 6  Pride & Prejudice          3       0   austen
## 7  Pride & Prejudice          7       1  chapter
## 8  Pride & Prejudice          7       1        1
## 9  Pride & Prejudice         10       1       it
## 10 Pride & Prejudice         10       1       is
## # ... with 122,194 more rows
```

これで inner_join() を使ってさまざまな形で感情を計算することができます。

> 先ほども説明したように、AFINN辞書は −5から5までの数値で感情を計測するのに対し、ほかの2つの辞書は1か0かの2進法で単語を分類しています。小説の筋に沿ってテキストチャンクのセンチメントスコアを計算するとき、AFINN辞書についてはほかの2つの辞書とは異なる計算方法を伩う必要があります。

先ほどと同じように、整数除算（%/%）を使って複数行に渡る大きな節を定義し、count()、spread()、mutate() の同じパターンを使って各節の感情を計算します。

```
afinn <- pride_prejudice %>%
  inner_join(get_sentiments("afinn")) %>%
  group_by(index = linenumber %/% 80) %>%
  summarise(sentiment = sum(score)) %>%
  mutate(method = "AFINN")

bing_and_nrc <- bind_rows(
  pride_prejudice %>%
    inner_join(get_sentiments("bing")) %>%
    mutate(method = "Bing et al."),
```

```
pride_prejudice %>%
  inner_join(get_sentiments("nrc") %>%
               filter(sentiment %in% c("positive",
                                        "negative"))) %>%
  mutate(method = "NRC")) %>%
count(method, index = linenumber %/% 80, sentiment) %>%
spread(sentiment, n, fill = 0) %>%
mutate(sentiment = positive - negative)
```

　それぞれのセンチメント辞書を使って小説の各節のセンチメント量の合計（positive - negative）を計算した結果が手に入りました。これらを1つにまとめ、可視化すると、**図2-3**のようになります。

```
bind_rows(afinn,
          bing_and_nrc) %>%
  ggplot(aes(index, sentiment, fill = method)) +
  geom_col(show.legend = FALSE) +
  facet_wrap(~method, ncol = 1, scales = "free_y")
```

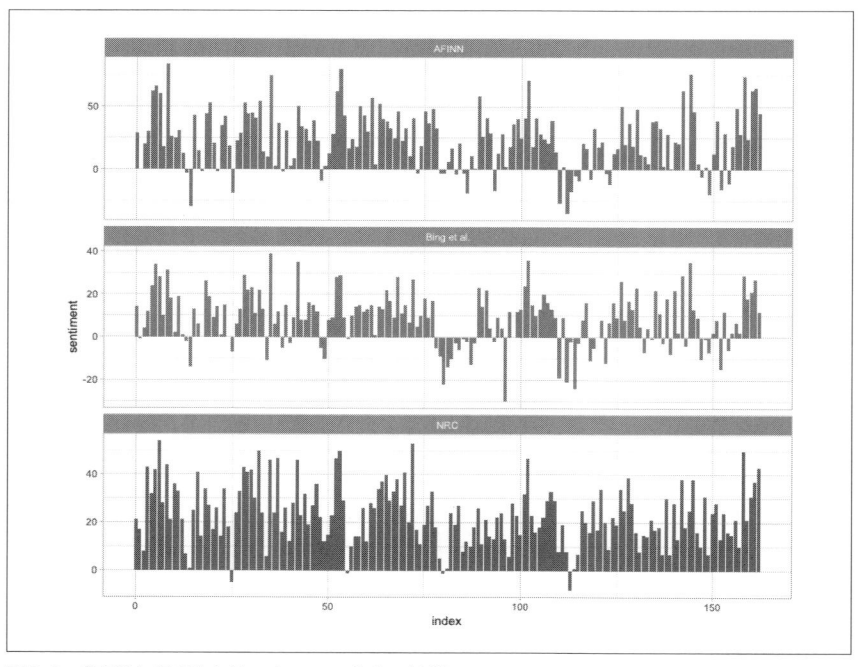

図2-3　『高慢と偏見』を使った3つの辞書の比較

　3種類のセンチメント辞書は、数値そのものとしては異なる結果を示しています
が、小説の筋に沿った相対的な変化はほぼ同じようになっています。小説の同じ場
所で感情の凸凹が起こるものの、数値そのものには大きな違いがあります。AFINN
辞書は、感情値の絶対値が最も大きく、特にポジティブな感情値は非常に大きく
なっています。Bing辞書は、絶対値が小さく、ポジティブな部分、ネガティブな部
分の連続が長くなっているように見えます。NRC辞書を使用した結果は、ほかの2
つと比べてグラフがポジティブにシフトしており、テキストをよりポジティブな感
情で捉えているものの、相対的な変化はほかの2つとほぼ同じです。ほかの小説を
見ても、3つの辞書には同じような違いが見られます。つまり、NRCは感情がポジ
ティブな方向に傾き、AFINNは分散が大きく、Bingは類似する感情の長い連続を
探し出します。それでも、小説の筋に沿った感情の上下についてはほぼ同じような
流れを読み取っています。

　では、たとえばNRC辞書の結果がBing辞書よりもポジティブな感情の強い結果
になっているのはなぜでしょうか。2つの辞書にポジティブな単語とネガティブな
単語がいくつあるかを簡単に調べてみましょう。

```
get_sentiments("nrc") %>%
    filter(sentiment %in% c("positive",
                            "negative")) %>%
  count(sentiment)

## # A tibble: 2 × 2
##   sentiment      n
##       <chr> <int>
## 1  negative  3324
## 2  positive  2312

get_sentiments("bing") %>%
  count(sentiment)

## # A tibble: 2 × 2
##   sentiment      n
##       <chr> <int>
## 1  negative  4782
## 2  positive  2006
```

　どちらの辞書も、ポジティブな単語よりネガティブな単語の方が多くなってい
ますが、ポジティブな単語の数に対するネガティブな単語の数の割合は、Bing辞

書の方がNRC辞書よりも高くなっています。たとえばNRCのネガティブな単語が
ジェーン・オースティンの作品で使われている単語とうまく適合していないのかも
しれないといった単語マッチングのシステム的な違いもあるはずですが、辞書のポ
ジティブな単語とネガティブな単語の割合も、**図2-3**のグラフの結果に大きな影響
を与えているはずです。しかし、こういった違いの原因が何であれ、小説の筋に沿っ
た相対的な感情の流れはほぼ同じでも、センチメント量の数値自体は辞書によって
異なるということは言えるでしょう。これは、分析でセンチメント辞書を選ぶとき
に頭に入れておくべき重要なポイントです。

2.4　ポジティブ、ネガティブな感情を示す単語の最も一般的な例

　個々の感情を強める単語の数を分析できることは、sentimentとwordの両方を
データフレームにしてあることの利点の1つです。wordとsentimentの両方を引数
としてcount()を呼び出すと、個々の単語が個々の感情にどれだけの貢献をしてい
るかがわかります。

```
bing_word_counts <- tidy_books %>%
  inner_join(get_sentiments("bing")) %>%
  count(word, sentiment, sort = TRUE) %>%
  ungroup()

bing_word_counts

## # A tibble: 2,585 × 3
##         word sentiment     n
##        <chr>     <chr> <int>
## 1       miss  negative  1855
## 2       well  positive  1523
## 3       good  positive  1380
## 4      great  positive   981
## 5       like  positive   725
## 6     better  positive   639
## 7     enough  positive   613
## 8      happy  positive   534
## 9       love  positive   495
## 10  pleasure  positive   462
## # ... with 2,575 more rows
```

整理データフレーム処理を意識して作られたツールを一貫して使ってきているので、これは視覚的に示すことができますし、そのつもりになればggplot2に直接パイプで渡すことができます（**図2-4**）。

```
bing_word_counts %>%
  group_by(sentiment) %>%
  top_n(10) %>%
  ungroup() %>%
  mutate(word = reorder(word, n)) %>%
  ggplot(aes(word, n, fill = sentiment)) +
  geom_col(show.legend = FALSE) +
  facet_wrap(~sentiment, scales = "free_y") +
  labs(y = "Contribution to sentiment",
       x = NULL) +
  coord_flip()
```

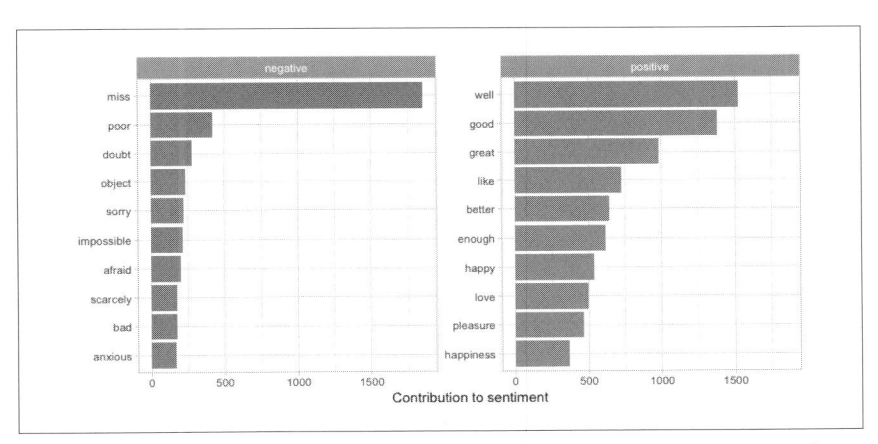

図2-4　ジェーン・オースティンの小説でポジティブ、ネガティブな感情を高めている単語

図2-4は、このセンチメント分析に含まれる異常値を示しています。単語「miss」は否定的な感情を表す単語とされていますが、ジェーン・オースティンの作品では若い未婚女性の名前の前に付ける単語として使われています。目的にとって適切であれば、`bind_rows()`を使って簡単にカスタムストップワードリストに「miss」を追加できます。カスタムストップワードリストは次のように作成します。

```
custom_stop_words <- bind_rows(data_frame(word = c("miss"),
                                           lexicon = c("custom")),
                               stop_words)
```

```
custom_stop_words

## # A tibble: 1,150 × 2
##              word lexicon
##             <chr>   <chr>
## 1           miss  custom
## 2              a   SMART
## 3            a's   SMART
## 4           able   SMART
## 5          about   SMART
## 6          above   SMART
## 7       according   SMART
## 8     accordingly   SMART
## 9         across   SMART
## 10       actually   SMART
## # ... with 1,140 more rows
```

2.5　ワードクラウド

　整理テキストマイニングのアプローチがggplot2とうまく適合することはすでに
紹介した通りですが、データを整理形式にしておくと、ほかのプロットでもうまく
使うことができます。

　たとえば、wordcloudパッケージは、Rがもともと持っているグラフィックス機
能を使っています。このwordcloudパッケージを使って、ジェーン・オースティン
の作品全体の最頻出語を改めて調べてみましょう（**図2-5**参照）。

```
library(wordcloud)

tidy_books %>%
  anti_join(stop_words) %>%
  count(word) %>%
  with(wordcloud(word, n, max.words = 100))
```

図2-5　ジェーン・オースティンの小説の最頻出語

　comparison.cloud()など、ほかの関数を使うときには、reshape2のacast()で
データフレームを行列に変換しなければならないかもしれません。内部結合を使っ
たセンチメント分析で単語にポジティブな感情、ネガティブな感情のタグを付け、
頻出するポジティブな単語とネガティブな単語を抽出しましょう。データが整理形
式になっているため、これらは内部結合、パイプ、dplyr関数ですべて済ませられ、
あとはデータをcomparison.cloud()に送るだけです。

```
library(reshape2)

tidy_books %>%
  inner_join(get_sentiments("bing")) %>%
  count(word, sentiment, sort = TRUE) %>%
  acast(word ~ sentiment, value.var = "n", fill = 0) %>%
  comparison.cloud(colors = c("gray20", "gray80"),
                   max.words = 100)
```

図2-6　ジェーン・オースティンの小説で頻出するポジティブな単語とネガティブな単語

　図2-6の単語の文字サイズは、それぞれの感情の中での出現頻度に比例していま
す。この図は、最も重要なポジティブな単語、ネガティブな単語を知るためには役
立ちますが、単語の文字サイズで感情は比較できません。

2.6　単語を越えた単位

　単語レベルのトークン化でも役に立つ仕事はたくさんできますが、別の単位を
使った方が役に立つ場合や別の単位がどうしても必要とされる場合もあります。た
とえば、センチメント分析アルゴリズムの中には、ユニグラム（1つの単語）を越え
て、文全体の感情を理解しようとするものがあります。この種のアルゴリズムは、
「I am not having a good day」は否定文なので、幸せな感情の文ではなく、悲し
い感情の文だと解釈しようとするわけです。coreNLP（Arnold and Tilton 2016）、
cleanNLP（Arnold 2016）、sentimentr（Rinker 2017）といったRパッケージは、その

ようなセンチメント分析アルゴリズムの例です。これらを使うためには、テキストをセンテンス（文）にトークン化し、出力列にも新しい名前を使った方がよいでしょう。

```
PandP_sentences <- data_frame(text = prideprejudice) %>%
  unnest_tokens(sentence, text, token = "sentences")
```

1行だけ詳しく見てみましょう。

```
PandP_sentences$sentence[2]
```

```
## [1] "however little known the feelings or views of such a man may be on his
first entering a neighbourhood, this truth is so well fixed in the minds of
the surrounding families, that he is considered the rightful property of some
one or other of their daughters."
```

UTF-8エンコードされたテキストのセンテンスへのトークン化は、特に会話のある節では、少し問題があるようです。ASCIIの方がずっとよい結果が得られます。正確な区切りが重要な意味を持つ場合、unnest_tokens()を呼び出す前に、mutate()の中でiconv(text, to = 'latin1')のような形でiconv()を使うとよいかもしれません。

unnest_tokens()は、正規表現を使ったトークン化もできます。これを使えば、たとえばジェーン・オースティンの小説を章ごとに区切ってデータフレーム化することができます。

```
austen_chapters <- austen_books() %>%
  group_by(book) %>%
  unnest_tokens(chapter, text, token = "regex",
                pattern = "Chapter|CHAPTER [\\dIVXLC]") %>%
  ungroup()

austen_chapters %>%
  group_by(book) %>%
  summarise(chapters = n())

## # A tibble: 6 × 2
##                 book chapters
##                <fctr>    <int>
## 1 Sense & Sensibility       51
## 2     Pride & Prejudice     62
```

```
## 3        Mansfield Park     49
## 4                 Emma      56
## 5     Northanger Abbey      32
## 6            Persuasion     25
```

　各小説を正しい数の章（タイトルの1行が余分な1章になっていますが）に分けられていることがわかります。austen_chaptersデータフレームでは、各行が1つの章に対応しています。この章の前の方では、1行1単語の整理データフレームを作るときに、同じような正規表現を使って単語がどの小説のどの章に含まれているかを明らかにしました。

　このデータフレームを対象として整理テキスト分析を加えれば、ジェーン・オースティンの各小説で最もネガティブな章はどれかというような問いに答えることができます。まず、Bing辞書からネガティブな単語のリストを取り出します。次に、各章に含まれる語数のデータフレームを作り、章の長さに合わせて標準化できるようにします。そして、各章のネガティブな単語の数を数え、各章の語数で割ります。各小説で、最もネガティブな単語の割合が高いのは何章でしょうか。

```
bingnegative <- get_sentiments("bing") %>%
  filter(sentiment == "negative")

wordcounts <- tidy_books %>%
  group_by(book, chapter) %>%
  summarize(words = n())

tidy_books %>%
  semi_join(bingnegative) %>%
  group_by(book, chapter) %>%
  summarize(negativewords = n()) %>%
  left_join(wordcounts, by = c("book", "chapter")) %>%
  mutate(ratio = negativewords/words) %>%
  filter(chapter != 0) %>%
  top_n(1) %>%
  ungroup()

## # A tibble: 6 × 5
##                  book chapter negativewords words      ratio
##                 <fctr>   <int>        <int> <int>      <dbl>
## 1 Sense & Sensibility      43          161  3405 0.04728341
## 2    Pride & Prejudice     34          111  2104 0.05275665
```

```
## 3      Mansfield Park       46       173 3685 0.04694708
## 4                Emma       15       151 3340 0.04520958
## 5    Northanger Abbey       21       149 2982 0.04996647
## 6           Persuasion        4        62 1807 0.03431101
```

　これらは各小説で最もネガティブな単語がたくさん含まれていた章（章全体の単語数に基づき正規化）です。『分別と多感』の第43章では、マリアンヌが重病にかかり瀬死の状態になります。『高慢と偏見』の34章では、ダーシー氏が初めてプロポーズします（最悪！）。『マンスフィールド・パーク』の第46章はほとんど終わり近くですが、ヘンリーのスキャンダラスな不倫がみなに知られるところです。『エマ』の第15章は、恐ろしいエルトン氏がプロポーズするところです。『ノーサンガー・アビー』の第21章は、キャサリンがゴシック小説風の殺人幻想にふけるところです。そして、『説得』の第4章は、アンがウェントワース大佐の求婚を拒絶した場面を回想し、いかに悲しかったか、それがいかに致命的な過ちだったかを噛みしめるところです。

2.7　まとめ

　センチメント分析は、テキストに含まれる感情や意見を理解する方法の1つです。この章では、整理データ原則を使ったセンチメント分析の方法を掘り下げてきました。テキストデータが整理データ構造にまとめられていれば、内部結合でセンチメント分析をすることができます。センチメント分析を使えば、文章全体の流れの中で感情がどのように変化するかや、特定のテキストの中でどのような感情を表す単語が重要な意味を持っているかがわかります。本書の後の方のケーススタディでは、さまざまな種類のテキストについて、センチメント分析を適用するツール群をさらに充実させていきます。

# 3章

単語の出現頻度と特定の文書での出現頻度の分析：tf-idf

文書の何らかの側面を数量化することは、テキストマイニングや自然言語処理の中心にある問題の1つです。では、文書を構成する単語に注目すれば、これができるのでしょうか。第1章でも行った**単語出現頻度**（term frequency：tf）、すなわち文書内での単語の出現頻度は、1つの単語がどれぐらい重要かを示す尺度の1つになっています。しかし、文書の中には、出現頻度が高くても重要ではない単語があります。英語の場合、「the」、「is」、「of」といった単語がそれにあたります。そういった単語をストップワードリストに追加し、分析の前に取り除くという選択肢もありますが、文書によっては、これらの単語が重要な意味を持つ場合があります。ストップワードリストは、単語出現頻度分析における頻出するけれども重要でない単語への対策方法としてそれほど洗練されたものではありません。

もう1つの対策方法として、**逆文書頻度**（inverse document frequency：idf）に注目するというものがあります。これは、一般的にはあまり頻出しない単語を頻出する単語よりも重視する数値です。これと単語出現頻度を組み合わせて、単語の**tf-idf**（tfとidfの積）を計算すれば、普段はあまり使われない単語の頻度の高さが強調されることになります。

> tf-idfは、ある単語の1つの文書の中での重要度が、その文書を含む文書のコレクション（またはコーパス）の中での重要度と比べてどれだけ高いかを示すための統計量です。たとえば、小説のコレクションにおける重要度と比べて特定の小説における重要度がどれだけ高いか、Webサイトのコレクションにおける重要度と比べて特定のサイトにおける重要度がどれだけ高いかということです。

tf-idf統計量は経験則であり、大まかな方法です。テキストマイニングやサーチエンジンで役に立つことは実証されていますが、情報理論の専門家たちから見れば、理論的な基礎がしっかりしているとは言えません。ある単語の逆文書頻度は、次のように定義されています。

$$idf(単語) = \log\left(\frac{n_{文書}}{n_{単語を含む文書}}\right)$$

tf-idf分析には第1章で説明した整理データ原則を応用でき、いつもの効果的なツールを使えば、コレクションの一部としての文書におけるさまざまな単語の重要度を数量化することができます。

3.1　ジェーン・オースティンの小説における単語出現頻度

最初に、ジェーン・オースティンの小説を題材として取り上げましょう。まず単語出現頻度（tf）を調べてから、tf-idfを調べます。今回も group_by() や join() といった dplyr の使いなれた関数で作業を始めることが可能です。ジェーン・オースティンの小説の最頻出語は何でしょうか（あとで必要になるので、ここで各小説の総単語数も計算しておきます）。

```r
library(dplyr)
library(janeaustenr)
library(tidytext)

book_words <- austen_books() %>%
  unnest_tokens(word, text) %>%
  count(book, word, sort = TRUE) %>%
  ungroup()

total_words <- book_words %>%
  group_by(book) %>%
  summarize(total = sum(n))

book_words <- left_join(book_words, total_words)

book_words

## # A tibble: 40,379 × 4
```

```
##                   book  word     n   total
##                 <fctr> <chr> <int>   <int>
## 1     Mansfield Park    the  6206  160460
## 2     Mansfield Park     to  5475  160460
## 3     Mansfield Park    and  5438  160460
## 4               Emma     to  5239  160996
## 5               Emma    the  5201  160996
## 6               Emma    and  4896  160996
## 7     Mansfield Park     of  4778  160460
## 8  Pride & Prejudice    the  4331  122204
## 9               Emma     of  4291  160996
## 10 Pride & Prejudice     to  4162  122204
## # ... with 40,369 more rows
```

このbook_wordsデータフレームは、単語と本の1つのペアに対して1行を与えて
います。nはその本の中で単語が使われている回数、totalはその本の総単語数を示
します。nが最も高い単語は、いつものように「the」、「and」、「to」といったものです。
図3-1は、各小説のn/total、すなわち単語の小説の中での出現頻度をその小説の総
単語数で割った値の分布を示したものです。単語出現頻度 (tf) の実態はこのような
ものです。

```r
library(ggplot2)

ggplot(book_words, aes(n/total, fill = book)) +
  geom_histogram(show.legend = FALSE) +
  xlim(NA, 0.0009) +
  facet_wrap(~book, ncol = 2, scales = "free_y")
```

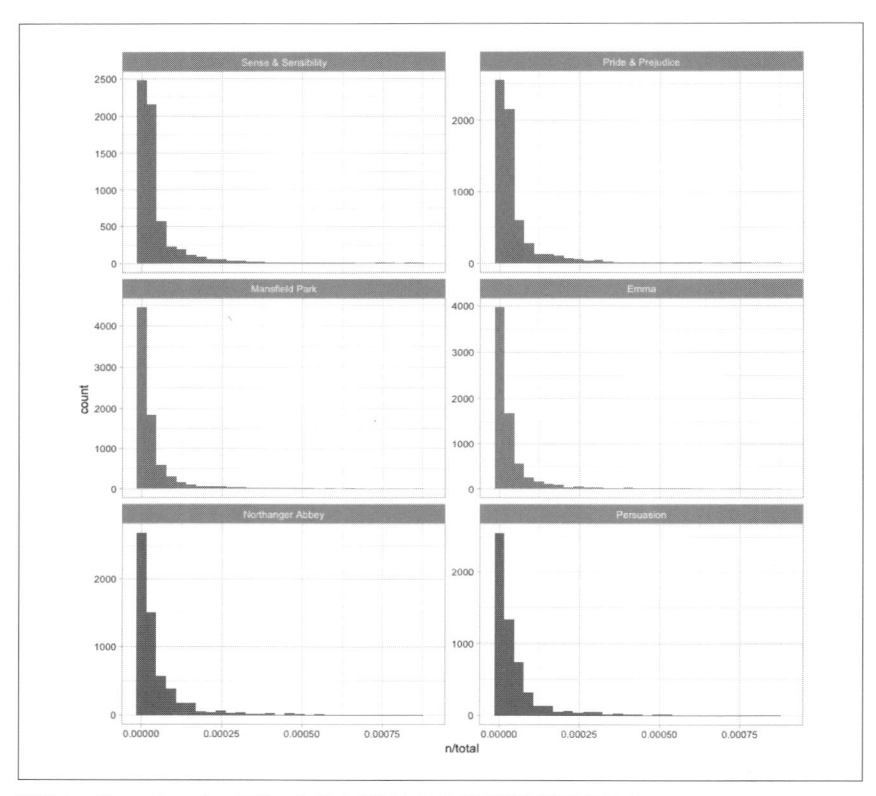

図3-1 ジェーン・オースティンの小説における単語出現頻度の分布

　どの小説でも、右の方に非常に長い裾、すなわちロングテールが形成されています（非常に出現頻度の高いありふれた単語）。実は、裾の先端はこのグラフには描かれていません。どの小説でも、グラフが示す分布はほぼ同じです。出現頻度が非常に低い多数の単語があり、出現頻度が高い少数の単語があります。

3.2　ジップの法則

　言語の世界では、**図3-1**のような分布はごく一般的です。実際、自然言語のどのコーパスでも（書籍、Webサイトのテキスト、話し言葉など）、このような長い裾を持つ分布は非常に一般的なので、単語の出現頻度（frequency）と出現頻度順位（rank）の関係は、以前から研究対象になっています。この関係の古典的なものは、20世紀

アメリカの言語学者、ジョージ・ジップ（George Zipf）にちなんでジップの法則と呼ばれています。

 ジップの法則では、単語の出現頻度は出現頻度順位に反比例すると主張されています。

単語出現頻度のグラフを描けるデータフレームはすでにあるので、dplyr関数を使った数行でジェーン・オースティンの小説でジップの法則を検証してみましょう。

```
freq_by_rank <- book_words %>%
  group_by(book) %>%
  mutate(rank = row_number(),
         `term frequency` = n/total)

freq_by_rank

## Source: local data frame [40,379 x 6]
## Groups: book [6]
##
##                  book  word     n  total  rank `term frequency`
##                 <fctr> <chr> <int>  <int> <int>           <dbl>
## 1     Mansfield Park    the  6206 160460     1      0.03867631
## 2     Mansfield Park     to  5475 160460     2      0.03412065
## 3     Mansfield Park    and  5438 160460     3      0.03389007
## 4               Emma     to  5239 160996     1      0.03254118
## 5               Emma    the  5201 160996     2      0.03230515
## 6               Emma    and  4896 160996     3      0.03041069
## 7     Mansfield Park     of  4778 160460     4      0.02977689
## 8  Pride & Prejudice    the  4331 122204     1      0.03544074
## 9               Emma     of  4291 160996     4      0.02665284
## 10 Pride & Prejudice     to  4162 122204     2      0.03405780
## # ... with 40,369 more rows
```

rank列は、各小説ごとの出現頻度順位です。表はすでにnによってソートされているので、row_number()を使えば出現頻度順位がわかります。それから単語出現頻度（term frequency）を今までと同じように計算します。ジップの法則は、出現頻度順位をx軸、単語出現頻度をy軸にプロットすると可視化できます。このようにプロットすると、反比例関係は右肩下がりの直線になります（**図3-2**参照）。

```
freq_by_rank %>%
  ggplot(aes(rank, `term frequency`, color = book)) +
  geom_line(size = 1.1, alpha = 0.8, show.legend = FALSE) +
  scale_x_log10() +
  scale_y_log10()
```

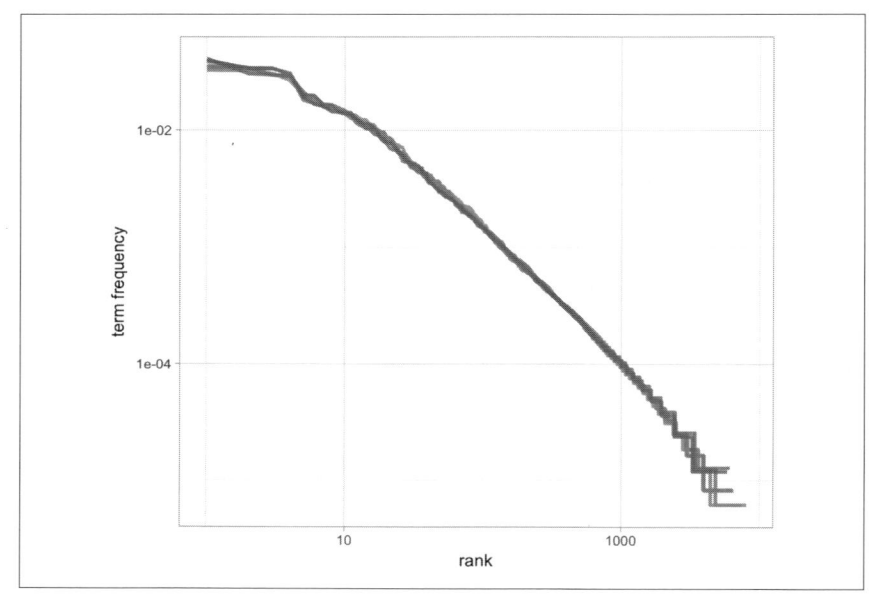

図3-2　ジェーン・オースティンの小説に見られるジップの法則

　図3-2は、両対数スケールになっていることに注意してください。ジェーン・オースティンの6冊の小説はどれも同じような関係を示しており、出現頻度順位（rank）と単語出現頻度（term frequency）には右肩下がりの関係があります。しかし、一定とは言い難いところがあります。おそらくこれは、3つの部分から構成される不完全なべき乗則（https://ja.wikipedia.org/wiki/冪乗則、https://en.wikipedia.org/wiki/Power_law）と考えることができるでしょう。順位が中間くらいの部分で、本来のべき乗則のグラフを重ね合わせてみましょう。

```
rank_subset <- freq_by_rank %>%
  filter(rank < 500,
         rank > 10)

lm(log10(`term frequency`) ~ log10(rank), data = rank_subset)
```

```
##
## Call:
## lm(formula = log10(`term frequency`) ~ log10(rank), data = rank_subset)
##
## Coefficients:
## (Intercept)  log10(rank)
##     -0.6226      -1.1125
```

古典的なジップの法則は、$\frac{1}{出現頻度順位}$ に比例するとしており、実際に、ここでは
-1に近い傾きが得られています。**図3-3**のデータにこのべき乗則のグラフを重ね
合わせてプロットしてみましょう。

```
freq_by_rank %>%
    ggplot(aes(rank, `term frequency`, color = book)) +
    geom_abline(intercept = -0.62, slope = -1.1, color = "gray50", linetype = 2) +
    geom_line(size = 1.1, alpha = 0.8, show.legend = FALSE) +
    scale_x_log10() +
    scale_y_log10()
```

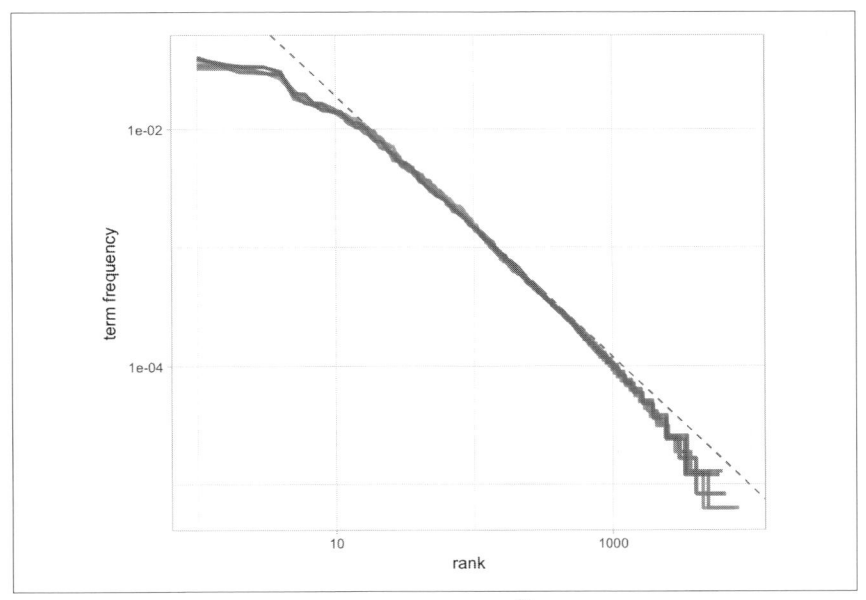

図3-3　ジップの法則とジェーン・オースティンの小説[*1]

[*1]　訳注：**図3-3**は、両対数スケールで描かれていることに注意。

　ジェーン・オースティンの小説のコーパスでは、ジップの法則の古典的なバージョンに近い結果が得られました。順位が下位の部分でのずれは、多くの言語で珍しいものではありません。言語コーパスに含まれる希少語は、べき乗則から予想される数よりも少ないことがよくあります。それに対し、順位が上位の部分でのずれの小ささは、かなり珍しいものです。ジェーン・オースティンは、多くのコレクションよりも最頻出語の割合が低いのです。この種の分析は、作家の比較や、その他の文書コレクションとの比較に拡張することができます。整理データ原則を使えば、比較は簡単です。

3.3　bind_tf_idf関数

　tf-idfの考え方は、文書のコレクション、コーパスでの頻出語の重みを減らし、希少語の重みを増やして、個々の文書における重要語を探し出すというものです。この場合は、ジェーン・オースティンの小説全体を文書コレクションとすることになります。tf-idfは、一般的にはあまり出現しないものの、テキストの中では重要な（頻出する）単語を探し出そうとします。それをやってみましょう。

　tidytextパッケージのbind_tf_idf関数は、入力として、1トークン（1文書1単語）1行の整理テキストデータセットを取ります。単語/トークンで1列（この場合はword）、文書で1列（この場合はbook）、文書ごとのその単語の出現頻度にさらに1列（この場合はn）が与えられていなければなりません。以前の節で各小説の総語数（total）も計算していますが、bind_tf_idf関数ではこの値は不要です。表に各文書のすべての単語が含まれてさえいればよいのです。

```
book_words <- book_words %>%
  bind_tf_idf(word, book, n)
book_words

## # A tibble: 40,379 × 7
##                book   word     n  total        tf idf tf_idf
##               <fctr> <chr> <int>  <int>     <dbl> <dbl>  <dbl>
## 1     Mansfield Park   the  6206 160460 0.03867631     0      0
## 2     Mansfield Park    to  5475 160460 0.03412065     0      0
## 3     Mansfield Park   and  5438 160460 0.03389007     0      0
## 4               Emma    to  5239 160996 0.03254118     0      0
## 5               Emma   the  5201 160996 0.03230515     0      0
## 6               Emma   and  4896 160996 0.03041069     0      0
```

```
## 7      Mansfield Park    of  4778 160460 0.02977689      0       0
## 8  Pride & Prejudice    the  4331 122204 0.03544074      0       0
## 9              Emma     of  4291 160996 0.02665284      0       0
## 10 Pride & Prejudice     to  4162 122204 0.03405780      0       0
## # ... with 40,369 more rows
```

　極端に出現頻度の高い単語では、逆文書頻度（idf）が0になり、そのためtf-idfも0になることに注意してください。これらはどれもジェーン・オースティンの6冊の小説すべてで頻出する単語なので、idf（1の自然対数）は0になります。コレクションに含まれる文書の多くで頻出する単語のidfは、非常に低くなり（0に近い値）、そのためtf-idfも低くなります。tf-idfは、このようにして頻出語の重みを低くしています。コレクションの一部の文書だけで出現する単語の逆文書頻度は、高い値になります。

　それでは、ジェーン・オースティンの小説でtf-idfが高い単語を調べてみましょう。

```
book_words %>%
  select(-total) %>%
  arrange(desc(tf_idf))

## # A tibble: 40,379 × 6
##                  book    word     n        tf        idf      tf_idf
##                <fctr>   <chr> <int>     <dbl>      <dbl>       <dbl>
## 1  Sense & Sensibility  elinor   623 0.005193528 1.791759 0.009305552
## 2  Sense & Sensibility marianne   492 0.004101470 1.791759 0.007348847
## 3      Mansfield Park crawford   493 0.003072417 1.791759 0.005505032
## 4   Pride & Prejudice   darcy   373 0.003052273 1.791759 0.005468939
## 5          Persuasion  elliot   254 0.003036171 1.791759 0.005440088
## 6                Emma    emma   786 0.004882109 1.098612 0.005363545
## 7     Northanger Abbey  tilney   196 0.002519928 1.791759 0.004515105
## 8                Emma  weston   389 0.002416209 1.791759 0.004329266
## 9   Pride & Prejudice  bennet   294 0.002405813 1.791759 0.004310639
## 10         Persuasion wentworth   191 0.002283132 1.791759 0.004090824
## # ... with 40,369 more rows
```

　ここに登場したのはすべて固有名詞であり、これらの小説の重要な登場人物の名前です。これらの中にすべての小説に登場するものはなく、ジェーン・オースティンの全小説というコーパスの中の個々のテキストでは、どれも重要で特徴的な単語になっています。

異なる単語のidfがいくつか同じになっていますが、それはこのコーパスの6個の文書が含まれており、log（6/1）、log（6/2）の近似値が表示されているからです。

小説ごとにこれらtf-idfが高い単語を可視化すると、**図3-4**のようになります。

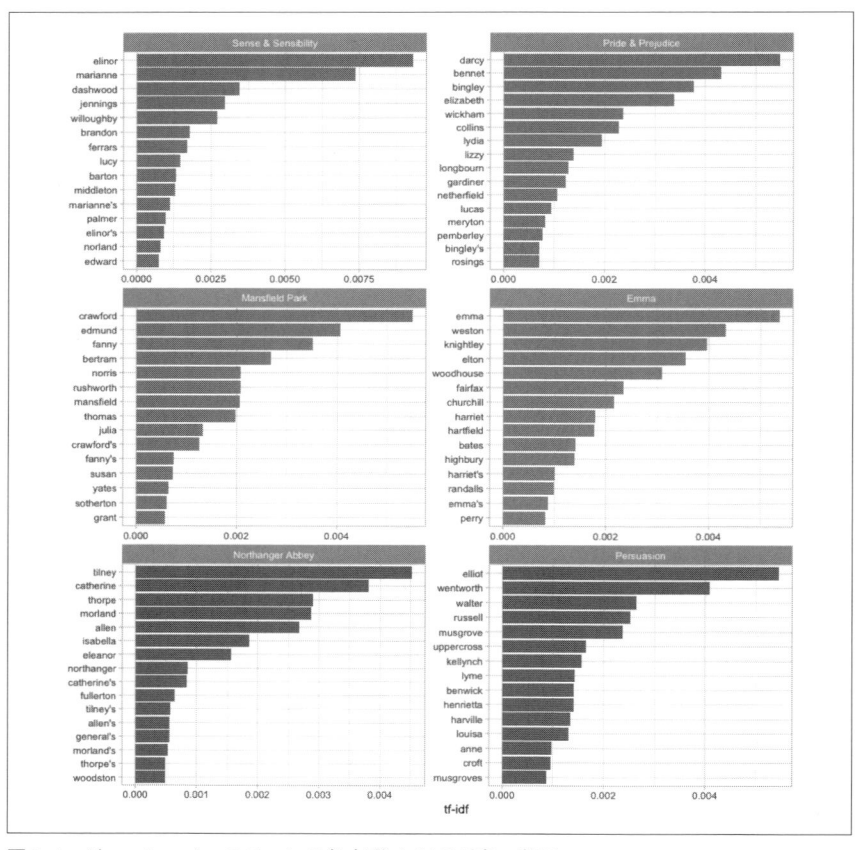

図3-4　ジェーン・オースティンの各小説でtf-idfが高い単語

```
book_words %>%
  arrange(desc(tf_idf)) %>%
  mutate(word = factor(word, levels = rev(unique(word)))) %>%
  group_by(book) %>%
```

```
top_n(15) %>%
ungroup %>%
ggplot(aes(word, tf_idf, fill = book)) +
geom_col(show.legend = FALSE) +
labs(x = NULL, y = "tf-idf") +
facet_wrap(~book, ncol = 2, scales = "free") +
coord_flip()
```

図3-4でも、まだすべての単語が固有名詞です。tf-idfで計測すると、これらの単語が各小説で最も重要な単語だということですが、ほとんどの読者はこの結果に納得するでしょう。ここでtf-idfを計測してわかったのは、ジェーン・オースティンが6冊の小説全体を通じて同じような言葉を使っており、ある作品をほかの作品から分けるものは、人や場所の名前である固有名詞だということです。これがtf-idfのポイントです。tf-idfは、文書のコレクションの一部としての文書において重要な単語を探し出します。

3.4　物理学書のコーパス

今度は別のコーパスを使って、それぞれの仕事において、どの単語が重要かを調べてみましょう。ただ別のコーパスというだけでなく、虚構と物語の世界から離れます。Project Gutenbergから物理学書の古典を何冊かダウンロードして、tf-idfを計算し、それぞれの仕事の中の重要語を探し出します。ガリレオ・ガリレイの『浮体について』(*Discourse on Floating Bodies*、http://www.gutenberg.org/ebooks/37729)、クリスティアーン・ホイヘンスの『光についての論考』(*Treatise on Light*、http://www.gutenberg.org/ebooks/14725)、ニコラ・テスラの『高電圧高周波交流電源と無線電力輸送のすべて』(*Experiments with Alternate Currents of High Potential and High Frequency*、http://www.gutenberg.org/ebooks/13476)、アルバート・アインシュタインの『特殊および一般相対性理論について』(*Relativity: The Special and General Theory*、http://www.gutenberg.org/ebooks/5001)をダウンロードしましょう。

これはかなり多様性の高いコレクションです。どれも確かに物理学の古典ですが、書かれた時代には300年ほどの幅があり、ほとんどは、もともとほかの言語で書かれたもので、後で英語に翻訳されています。これらは完全に同質的だとは言えないものですが、それでも面白い研究対象であることに違いはありません。

```
library(gutenbergr)
physics <- gutenberg_download(c(37729, 14725, 13476, 5001),
                              meta_fields = "author")
```

　テキストが手に入ったので、unnest_tokens()とcount()を使って、個々の単語が
それぞれのテキストで何回ずつ使われているかを調べてみましょう。

```
physics_words <- physics %>%
  unnest_tokens(word, text) %>%
  count(author, word, sort = TRUE) %>%
  ungroup()

physics_words

## # A tibble: 12,592 × 3
##                 author  word    n
##                  <chr> <chr> <int>
## 1      Galilei, Galileo   the  3760
## 2       Tesla, Nikola    the  3604
## 3  Huygens, Christiaan   the  3553
## 4     Einstein, Albert   the  2994
## 5      Galilei, Galileo    of  2049
## 6     Einstein, Albert    of  2030
## 7       Tesla, Nikola     of  1737
## 8  Huygens, Christiaan    of  1708
## 9  Huygens, Christiaan    to  1207
## 10      Tesla, Nikola     a  1176
## # ... with 12,582 more rows
```

　ここに示したのは未加工の数値ですが、これらの本はどれも長さが異なります。
一歩先に進んでtf-idfを計算し、tf-idfが高い単語を可視化すると、**図3-5**のようにな
ります。

```
plot_physics <- physics_words %>%
  bind_tf_idf(word, author, n) %>%
  arrange(desc(tf_idf)) %>%
  mutate(word = factor(word, levels = rev(unique(word)))) %>%
  mutate(author = factor(author, levels = c("Galilei, Galileo",
                                            "Huygens, Christiaan",
                                            "Tesla, Nikola",
                                            "Einstein, Albert")))

plot_physics %>%
```

```
group_by(author) %>%
top_n(15, tf_idf) %>%
ungroup() %>%
mutate(word = reorder(word, tf_idf)) %>%
ggplot(aes(word, tf_idf, fill = author)) +
geom_col(show.legend = FALSE) +
labs(x = NULL, y = "tf-idf") +
facet_wrap(~author, ncol = 2, scales = "free") +
coord_flip()
```

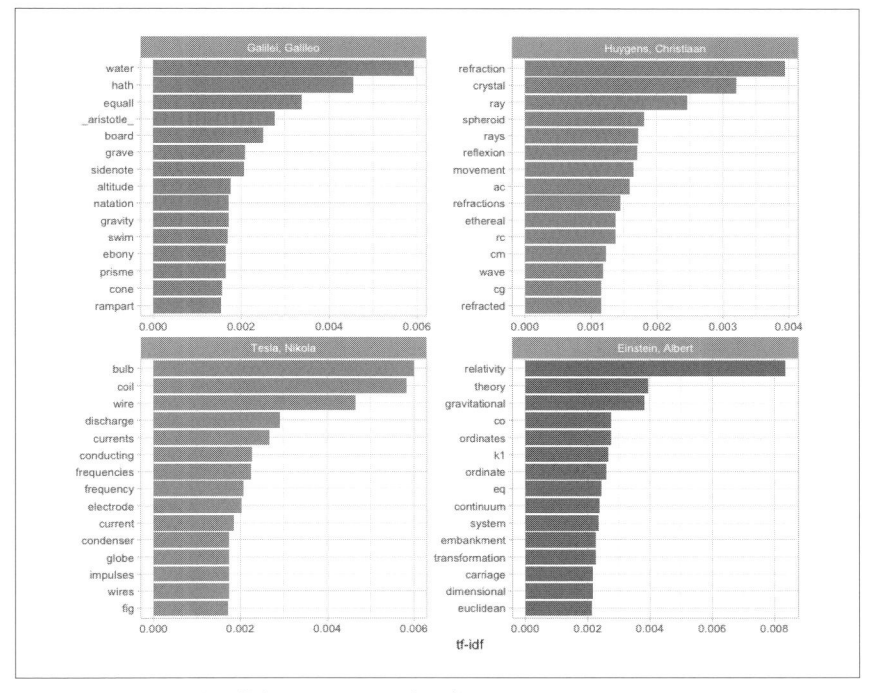

図3-5　それぞれの物理学書で最もtf-idfが高い単語

　非常に面白い結果です。しかし、アインシュタインのテキストに含まれている
「eq」というのは何なのでしょうか。

```
library(stringr)

physics %>%
  filter(str_detect(text, "eq\\.")) %>%
```

```
select(text)
```

```
## # A tibble: 55 × 1
##                                                          text
##                                                         <chr>
## 1                                      eq. 1: file eq01.gif
## 2                                      eq. 2: file eq02.gif
## 3                                      eq. 3: file eq03.gif
## 4                                      eq. 4: file eq04.gif
## 5                                   eq. 05a: file eq05a.gif
## 6                                   eq. 05b: file eq05b.gif
## 7                 the distance between the points being eq. 06 .
## 8   direction of its length with a velocity v is eq. 06 of a metre.
## 9                          velocity v=c we should have eq. 06a ,
## 10           the rod as judged from K1 would have been eq. 06 ;
## # ... with 45 more rows
```

少しクリーニングが必要かもしれません。「K1」というのは、アインシュタインの文書では座標系の名前です。

```
physics %>%
  filter(str_detect(text, "K1")) %>%
  select(text)
```

```
## # A tibble: 59 × 1
##                                                               text
##                                                              <chr>
## 1          to a second co-ordinate system K1 provided that the latter is
## 2          condition of uniform motion of translation. Relative to K1 the
## 3       tenet thus: If, relative to K, K1 is a uniformly moving co-ordinate
## 4    with respect to K1 according to exactly the same general laws as with
## 5   does not hold, then the Galileian co-ordinate systems K, K1, K2, etc.,
## 6    Relative to K1, the same event would be fixed in respect of space and
## 7    to K1, when the magnitudes x, y, z, t, of the same event with respect
## 8     of light (and of course for every ray) with respect to K and K1. For
## 9    reference-body K and for the reference-body K1. A light-signal is sent
## 10   immediately follows. If referred to the system K1, the propagation of
## # ... with 49 more rows
```

これはそのまま残しておいてもよいでしょう。また、この出力には単語「co-ordinate」が含まれていますが、アインシュタインのテキストでtf-idfが高い単語のリストに「co」と「ordinate」が別々に入っているのはそのためです。unnest_tokens()

関数は記号の前後を別々の単語として分離してしまうのです。

　ホイヘンスのテキストの「AB」、「RC」などは、光線、円、角度などの名前です。

```
physics %>%
  filter(str_detect(text, "AK")) %>%
  select(text)

## # A tibble: 34 × 1
##                                                                      text
##                                                                     <chr>
## 1   Now let us assume that the ray has come from A to C along AK, KC; the
## 2    be equal to the time along KMN. But the time along AK is longer than
## 3   that along AL: hence the time along AKN is longer than that along ABC.
## 4       And KC being longer than KN, the time along AKC will exceed, by as
## 5       line which is comprised between the perpendiculars AK, BL. Then it
## 6   ordinary refraction. Now it appears that AK and BL dip down toward the
## 7   side where the air is less easy to penetrate: for AK being longer than
## 8      than do AK, BL. And this suffices to show that the ray will continue
## 9        surface AB at the points AK_k_B. Then instead of the hemispherical
## 10  along AL, LB, and along AK, KB, are always represented by the line AH,
## # ... with 24 more rows
```

　これらのあまり意味のない単語を取り除き、もっと意味のあるグラフを作成しましょう。ストップワードのカスタムリストを作り、anti_join()でそれらを取り除きます。これは、多くの場面で使える柔軟性の高い手法です。整理データフレームから単語を取り除くには、数ステップ前に戻る必要があります。

```
mystopwords <- data_frame(word = c("eq", "co", "rc", "ac", "ak", "bn",
                                    "fig", "file", "cg", "cb", "cm"))
physics_words <- anti_join(physics_words, mystopwords, by = "word")
plot_physics <- physics_words %>%
  bind_tf_idf(word, author, n) %>%
  arrange(desc(tf_idf)) %>%
  mutate(word = factor(word, levels = rev(unique(word)))) %>%
  group_by(author) %>%
  top_n(15, tf_idf) %>%
  ungroup %>%
  mutate(author = factor(author, levels = c("Galilei, Galileo",
                                            "Huygens, Christiaan",
                                            "Tesla, Nikola",
                                            "Einstein, Albert")))
```

```
ggplot(plot_physics, aes(word, tf_idf, fill = author)) +
  geom_col(show.legend = FALSE) +
  labs(x = NULL, y = "tf-idf") +
  facet_wrap(~author, ncol = 2, scales = "free") +
  coord_flip()
```

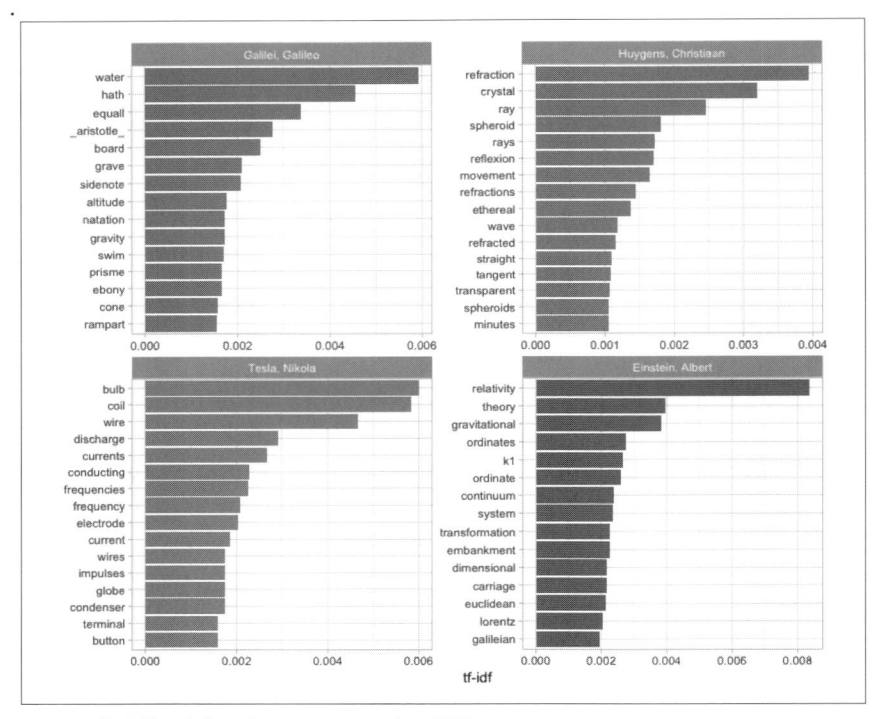

図3-6　物理学の古典に含まれる tf-idf の高い単語

　図3-6からわかるように、今日の物理学においては、城壁（ramparts）という言葉や「物質はエーテルである」という発言は聞くことはないでしょう。

3.5　まとめ

　tf-idf（単語出現頻度と逆文書頻度）を使うと、小説でも物理学の文書でもWebページでも、文書のコレクションの中にある1つの文書で特徴的な単語を探し出すことができます。単語出現頻度だけを掘り下げていっても、自然言語のコレクションの中で言語がどのように使われているかについての知見が得られます。そして、dplyr

のcount( )、rank( )などを使えば、単語出現頻度についてより深く知ることができます。tidytextパッケージは、整理データ原則に従ったtf-idfの実装を提供しており、文書のコレクション、コーパスの一部としての1つの文書の中で重要な単語を示してくれます。

# 4章

単語間の関係：
nグラムと相関

　今までは独立した単位としての単語と単語がセンテンスや文書との間に持つ関係について考えてきました。しかし、ある単語の後ろによく現れる単語を調べたり、同じ文書の中で共起[*1]することが多い単語の間の関係からも多くの面白いテキスト分析ができます。

　この章では、テキストデータセットに含まれる単語間の関係を計算し、可視化するために使えるtidytextのメソッドを紹介します。たとえば、個々の単語ではなく、隣り合う単語のペアによってトークン化するtoken = "ngrams"などです。また、2つの新しいパッケージも紹介します。Thomas Pedersenが作ったggraph（https://github.com/thomasp85/ggraph）はggplot2を拡張してネットワーク図を描きます。widyr（https://github.com/dgrtwo/widyr）はペアごとの相関や整理データフレーム内での距離を計算します。

4.1　nグラムによるトークン化

　今までは、unnest_tokens関数を使って単語単位、あるいはセンテンス単位でトークン化してきました。今まで行ったセンチメント分析や頻度分析ではこれらが役に立っていました。しかし、unnest_tokensは、nグラム（n-gram）と呼ばれる連続した単語のシーケンスへのトークン化も実行できます。単語Xの後ろに単語Yが続く頻度を調べれば、それらの間の関係を示すモデルを作ることができます。

　このようなトークン化のためには、unnest_tokens()の引数としてtoken = "ngrams"オプションを追加し、nにはnグラムとして取り出したい単語数を指定し

[*1]　訳注：共起とは、ある単語とある単語が同時に出現することを表しています。

ます。たとえば、n を 2 とすると、2 つの連続する単語（よく「バイグラム」とも呼ばれます）を分析できます。

```
library(dplyr)
library(tidytext)
library(janeaustenr)

austen_bigrams <- austen_books() %>%
  unnest_tokens(bigram, text, token = "ngrams", n = 2)

austen_bigrams

## # A tibble: 725,048 × 2
##                   book          bigram
##                  <fctr>           <chr>
## 1  Sense & Sensibility       sense and
## 2  Sense & Sensibility and sensibility
## 3  Sense & Sensibility    sensibility by
## 4  Sense & Sensibility         by jane
## 5  Sense & Sensibility     jane austen
## 6  Sense & Sensibility     austen 1811
## 7  Sense & Sensibility    1811 chapter
## 8  Sense & Sensibility       chapter 1
## 9  Sense & Sensibility           1 the
## 10 Sense & Sensibility      the family
## # ... with 725,039 more rows
```

このデータ構造も、整理テキスト形式の一種です。1 行 1 トークンという形式に変わりはありません（book のようなメタデータは維持されます）が、個々のトークンがバイグラムになっているのです。

バイグラムでは一部が重複していることに注意しましょう。「sense and」と「and sensibility」には同じ and が重複して使われていますが、別々のトークンです。

4.1.1　n グラムの出現頻度計算とフィルタリング

いつもの整理ツールは、n グラムの分析でも使います。dplyr の count() を使えば、頻出するバイグラムは何かがわかります。

```
austen_bigrams %>%
  count(bigram, sort = TRUE)

## # A tibble: 211,237 × 2
##      bigram     n
##      <chr> <int>
## 1    of the  3017
## 2     to be  2787
## 3    in the  2368
## 4    it was  1781
## 5      i am  1545
## 6   she had  1472
## 7    of her  1445
## 8    to the  1387
## 9   she was  1377
## 10 had been  1299
## # ... with 211,227 more rows
```

　予想通り、頻出するバイグラムは、「of the」や「to be」などの「ストップワード」（よく使われる重要でない単語、第1章参照）のペアです。ここで役に立つのが、区切り文字によって1つの列を複数の列に分割する tidyr の separate() です。これを使ってバイグラムを「word1」と「word2」の2つの列に分割し、どちらかがストップワードならそれを候補から外すことができます。

```
library(tidyr)

bigrams_separated <- austen_bigrams %>%
  separate(bigram, c("word1", "word2"), sep = " ")

bigrams_filtered <- bigrams_separated %>%
  filter(!word1 %in% stop_words$word) %>%
  filter(!word2 %in% stop_words$word)

# バイグラムの新しい出現頻度リスト
bigram_counts <- bigrams_filtered %>%
  count(word1, word2, sort = TRUE)

bigram_counts

## # A tibble: 33,421 x 3
##      word1    word2     n
##      <chr>    <chr> <int>
```

```
## 1      sir    thomas  287
## 2     miss  crawford  215
## 3  captain wentworth  170
## 4     miss woodhouse  162
## 5    frank churchill  132
## 6     lady   russell  118
## 7     lady   bertram  114
## 8      sir    walter  113
## 9     miss   fairfax  109
## 10 colonel  brandon  108
## # ... with 33,411 more rows
```

　ジェーン・オースティンの小説で最も多いペアは名前（姓と名または敬称付き）だということがわかります。

　分割した単語を再びバイグラムにまとめてから操作したい場合もあります。tidyr の unite() は separate() の逆で、複数の列を1つにまとめることができます。そこで、「separate/filter/count/unite」を実行すれば、ストップワードを含まない頻出バイグラムを調べられます。

```
bigrams_united <- bigrams_filtered %>%
  unite(bigram, word1, word2, sep = " ")

bigrams_united

## # A tibble: 44,784 × 2
##                book               bigram
## *             <fctr>                <chr>
## 1  Sense & Sensibility         jane austen
## 2  Sense & Sensibility         austen 1811
## 3  Sense & Sensibility        1811 chapter
## 4  Sense & Sensibility           chapter 1
## 5  Sense & Sensibility        norland park
## 6  Sense & Sensibility surrounding acquaintance
## 7  Sense & Sensibility          late owner
## 8  Sense & Sensibility        advanced age
## 9  Sense & Sensibility   constant companion
## 10 Sense & Sensibility        happened ten
## # ... with 44,774 more rows
```

　トリグラム、すなわち3つの連続した単語のシーケンスで頻出するものを調べたい場合には、n = 3 を指定します。

```
austen_books() %>%
  unnest_tokens(trigram, text, token = "ngrams", n = 3) %>%
  separate(trigram, c("word1", "word2", "word3"), sep = " ") %>%
  filter(!word1 %in% stop_words$word,
         !word2 %in% stop_words$word,
         !word3 %in% stop_words$word) %>%
  count(word1, word2, word3, sort = TRUE)

## # A tibble: 8,757 x 4
##       word1     word2     word3     n
##       <chr>     <chr>     <chr> <int>
## 1      dear      miss woodhouse    23
## 2      miss        de    bourgh    18
## 3      lady catherine        de    14
## 4 catherine        de    bourgh    13
## 5      poor      miss    taylor    11
## 6       sir    walter    elliot    11
## 7       ten  thousand    pounds    11
## 8      dear       sir    thomas    10
## 9    twenty  thousand    pounds     8
## 10  replied      miss  crawford     7
## # ... with 8,747 more rows
```

4.1.2　バイグラムの分析

　この1行に1バイグラムの形式は、テキストの予備分析で役に立ちます。簡単な例として、個々の小説に頻出する単語「streets」を調べてみましょう。

```
bigrams_filtered %>%
  filter(word2 == "street") %>%
  count(book, word1, sort = TRUE)

## # A tibble: 34 x 3
##                book    word1     n
##               <fctr>    <chr> <int>
## 1 Sense & Sensibility berkeley    16
## 2 Sense & Sensibility   harley    16
## 3   Northanger Abbey  pulteney    14
## 4   Northanger Abbey    milsom    11
## 5     Mansfield Park   wimpole    10
## 6  Pride & Prejudice gracechurch     9
## 7 Sense & Sensibility  conduit     6
```

```
## 8   Sense & Sensibility          bond    5
## 9             Persuasion        milsom    5
## 10            Persuasion        rivers    4
## # ... with 24 more rows
```

　バイグラムは、個々の単語と同様に、文書内の単語として扱うこともできます。
たとえば、オースティンの小説全体でバイグラムのtf-idfを調べてみましょう。この
ようにして得られたtf-idfの値は、個々の単語のときと同じように小説ごとに可視化
することができます（**図4-1**参照）。

```
bigram_tf_idf <- bigrams_united %>%
  count(book, bigram) %>%
  bind_tf_idf(bigram, book, n) %>%
  arrange(desc(tf_idf))

bigram_tf_idf
```

```
## # A tibble: 36,217 x 6
##                   book           bigram     n         tf       idf     tf_idf
##                 <fctr>            <chr> <int>      <dbl>     <dbl>      <dbl>
## 1           Persuasion captain wentworth   170 0.02985599 1.791759 0.05349475
## 2        Mansfield Park      sir thomas   287 0.02873160 1.791759 0.05148012
## 3        Mansfield Park    miss crawford   215 0.02152368 1.791759 0.03856525
## 4           Persuasion     lady russell   118 0.02072357 1.791759 0.03713165
## 5           Persuasion       sir walter   113 0.01984545 1.791759 0.03555828
## 6                 Emma   miss woodhouse   162 0.01700966 1.791759 0.03047722
## 7     Northanger Abbey      miss tilney    82 0.01594400 1.791759 0.02856782
## 8  Sense & Sensibility  colonel brandon   108 0.01502086 1.791759 0.02691377
## 9                 Emma   frank churchill   132 0.01385972 1.791759 0.02483329
## 10   Pride & Prejudice   lady catherine   100 0.01380453 1.791759 0.02473439
## # ... with 36,207 more rows
```

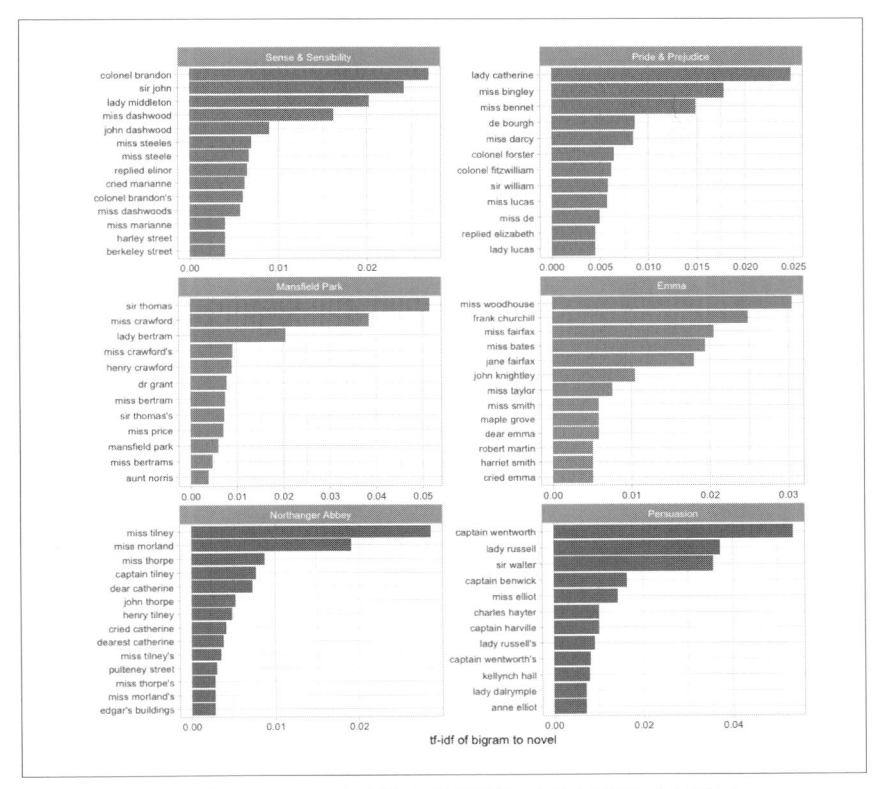

図4-1　ジェーン・オースティンの各小説でtf-idfが高い上位12個のバイグラム

　第3章でも明らかになったように、オースティンの個々の小説を特徴づける単位は、ほぼ例外なく名前です。『高慢と偏見』の「replied elizabeth」や『エマ』の「cried emma」のように、よく使われる動詞と名前のペアも含まれていることがわかります。

　個別の単語ではなく、バイグラムのtf-idfを分析することには利点と欠点の両方があります。連続する単語のペアを数えると、単に1つの単語を数えていただけではわからない構造が見えてくることがあります（たとえば、『ノーサンガー・アビー』の「pulteney street」（パルトニー通り）はただの「pulteney」よりも多くの情報を伝えてきます）。しかし、バイグラムの出現頻度は、個々の出現頻度よりもかなり低くなります。一般に2語のペアは、その中のどちらかよりも出現頻度が低くなります。

その分、非常に大規模なテキストデータセットでは、バイグラムはとても役に立ちます。

4.1.3　センチメント分析にコンテキストを反映させるための バイグラムの活用

　第2章で行ったセンチメント分析は、単純にセンチメント辞書に従ってポジティブな感情の単語とネガティブな感情の単語の出現頻度を数えただけでした。この方法には、単語のコンテキストが単語の存在と同じくらい重要な意味を持つことがあり得るのに、それを無視してしまうという問題があります。たとえば、「happy」、「like」といった単語は、「I'm not *happy* and I don't *like* it!」に含まれていても、ポジティブと数えられてしまいます。

　今度はデータをバイグラムにまとめているので、単語の前に「not」などの単語が入っている場合がどれくらいあるいかは簡単に見分けられます。

```
bigrams_separated %>%
  filter(word1 == "not") %>%
  count(word1, word2, sort = TRUE)

## # A tibble: 1,246 x 3
##    word1 word2     n
##    <chr> <chr> <int>
## 1    not    be   610
## 2    not    to   355
## 3    not  have   327
## 4    not  know   252
## 5    not     a   189
## 6    not think   176
## 7    not  been   160
## 8    not   the   147
## 9    not    at   129
## 10   not    in   118
## # ... with 1,236 more rows
```

　バイグラムデータに対してセンチメント分析を実行すると、感情を表す単語の前に「not」などの否定語が並んでいる頻度を計算できます。これを使えば、否定語の場合を無視したり、センチメントスコアからその分を引いたりすることができます。

　個々の単語に感情の向きを示す正負の符号付きの数値でセンチメントスコアを指定しているAFINN辞書を使ってセンチメント分析をしてみましょう。

```
AFINN <- get_sentiments("afinn")

AFINN

## # A tibble: 2,476 × 2
##         word score
##        <chr> <int>
## 1    abandon    -2
## 2  abandoned    -2
## 3   abandons    -2
## 4   abducted    -2
## 5  abduction    -2
## 6 abductions    -2
## 7      abhor    -3
## 8   abhorred    -3
## 9  abhorrent    -3
## 10    abhors    -3
## # ... with 2,466 more rows
```

すると、前に「not」が付いた感情を表す単語で頻出するものが調べられます。

```
not_words <- bigrams_separated %>%
  filter(word1 == "not") %>%
  inner_join(AFINN, by = c(word2 = "word")) %>%
  count(word2, score, sort = TRUE) %>%
  ungroup()

not_words

## # A tibble: 245 × 3
##     word2 score     n
##     <chr> <int> <int>
## 1    like     2    99
## 2    help     2    82
## 3    want     1    45
## 4    wish     1    39
## 5   allow     1    36
## 6    care     2    23
## 7   sorry    -1    21
## 8   leave    -1    18
## 9 pretend    -1    18
## 10  worth     2    17
## # ... with 235 more rows
```

　たとえば、前に「not」が付いている感情を表す単語で最頻出のものは、通常なら（正の）2というスコアが与えられる「like」です。

　感情値を「間違った」方向に動かすために最も大きな意味を持った単語はどれかは考える価値のある問題です。この値は、スコアに出現回数を掛ければ計算できます（スコアが+3の単語が10回出現すると、スコアが+1の単語が30回出現したときと同じ影響を与えるということになります）。その結果は棒グラフとして可視化することができます。

```
not_words %>%
  mutate(contribution = n * score) %>%
  arrange(desc(abs(contribution))) %>%
  head(20) %>%
  mutate(word2 = reorder(word2, contribution)) %>%
  ggplot(aes(word2, n * score, fill = n * score > 0)) +
  geom_col(show.legend = FALSE) +
  xlab("Words preceded by \"not\"") +
  ylab("Sentiment score * number of occurrences") +
  coord_flip()
```

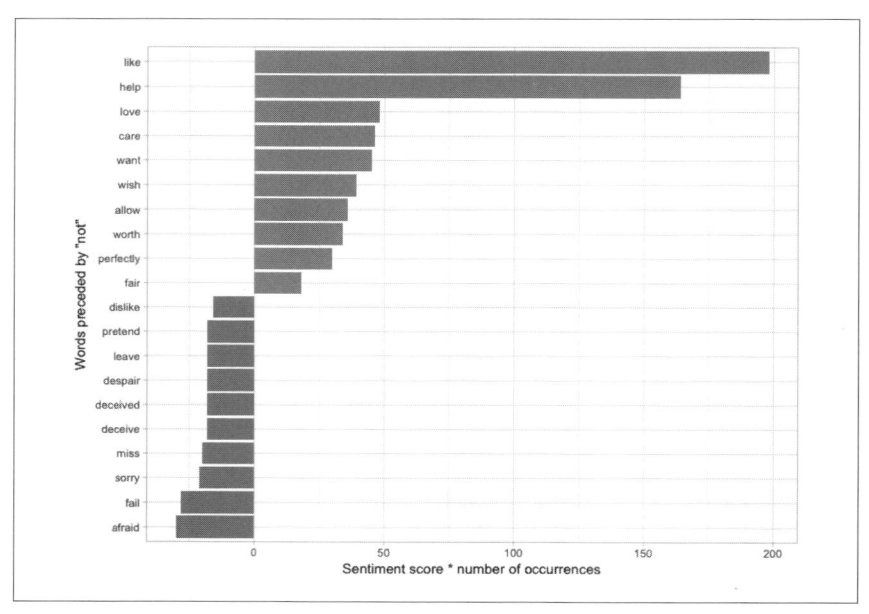

図4-2　前に「not」が付いていて、センチメントスコアを間違った方向に誘導するために大きく寄与した20の感情を表す単語

「not like」と「not help」は、テキストを実際よりもポジティブだと誤解する大きな要因として他を圧倒しています。しかし、「not afraid」や「not fail」もテキストが実際よりもネガティブだと思わせる要因になっていることがわかります。

後ろに続く単語にコンテキストを与える単語は「not」だけではありません。後ろの単語を否定する単語としてよく現れるものは4個（またはそれ以上）あります。同じ結合とカウントのアプローチで、それらをまとめて計算することができます。

```
negation_words <- c("not", "no", "never", "without")

negated_words <- bigrams_separated %>%
  filter(word1 %in% negation_words) %>%
  inner_join(AFINN, by = c(word2 = "word")) %>%
  count(word1, word2, score, sort = TRUE) %>%
  ungroup()
```

これで、個々の否定語ごとに、後ろに続く単語で最も頻出するものを可視化できます。「not like」と「not help」はここでも最もよく登場する例ですが、「no great」、「never loved」といったものが新しく加わります。これと第2章のアプローチを使えば、否定語の後ろに続く単語のAFINNスコアを逆転することができます。これは、連続する単語を使えばテキストマイニングメソッドにコンテキストを与えられるほんの一例です。

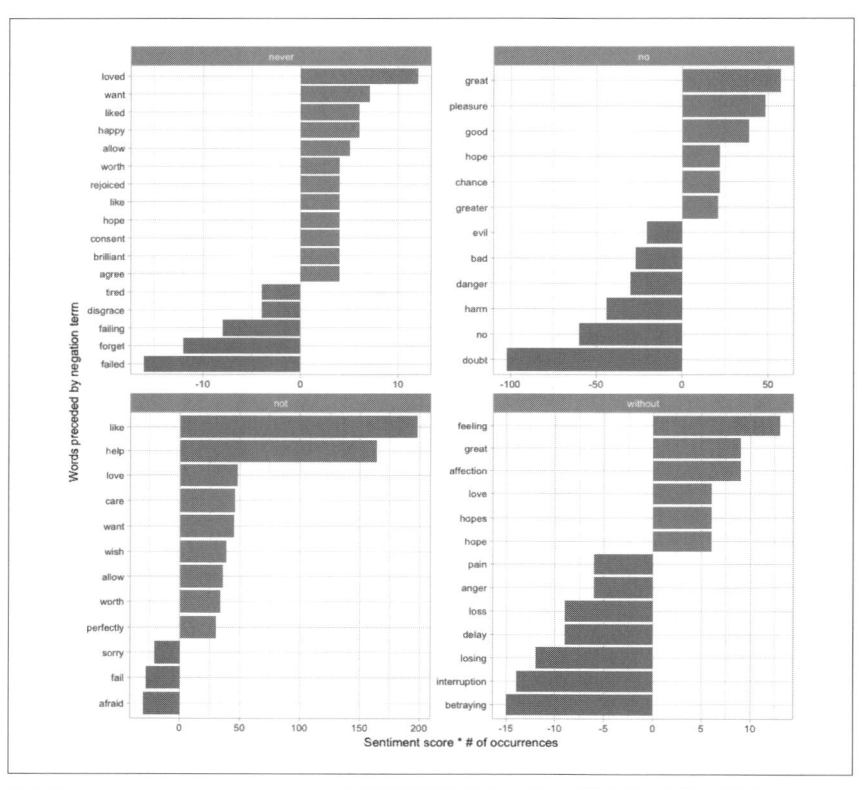

図4-3　never、no、not、withoutなどの否定語の後ろに続く感情を表す単語で頻出するもの

4.1.4　ggraphを使ったバイグラムのネットワークの可視化

　上位の少数だけではなく、単語間のすべての関係を同時に可視化したい場合があります。よくあるのは、単語をネットワーク、つまり「グラフ」として描くものです。ここで言うグラフとは、可視化ということではなく、接続された節点の組み合わせという意味です。整理オブジェクトは次の3個の変数を持っています。これを使ってグラフを作ることができます。

　　from
　　　　辺の起点。

to

辺の終点。

weight

辺に与えられた数値。

igraph（http://igraph.org/）パッケージには、ネットワークを操作、分析するための強力な関数が多数含まれています。整理データからigraphオブジェクトを作るための方法の1つとして、graph_from_data_frame()関数があります。この関数は、「from」、「to」と辺の属性（この場合はn）の列を持つデータフレームを引数として取ります。

```
library(igraph)

# もとのカウント
bigram_counts

## Source: local data frame [33,421 x 3]
## Groups: word1 [6,711]
##
##      word1      word2     n
##      <chr>      <chr> <int>
## 1      sir     thomas   287
## 2     miss   crawford   215
## 3  captain  wentworth   170
## 4     miss  woodhouse   162
## 5    frank  churchill   132
## 6     lady    russell   118
## 7     lady    bertram   114
## 8      sir     walter   113
## 9     miss    fairfax   109
## 10 colonel   brandon   108
## # ... with 33,411 more rows

# 比較的多い組み合わせだけを抽出
bigram_graph <- bigram_counts %>%
  filter(n > 20) %>%
  graph_from_data_frame()

bigram_graph
```

```
## IGRAPH DN-- 91 77 --
## + attr: name (v/c), n (e/n)
## + edges (vertex names):
## [1] sir      ->thomas     miss     ->crawford   captain ->wentworth
## [4] miss     ->woodhouse  frank    ->churchill  lady    ->russell
## [7] lady     ->bertram    sir      ->walter     miss    ->fairfax
## [10] colonel ->brandon    miss     ->bates      lady    ->catherine
## [13] sir     ->john       jane     ->fairfax    miss    ->tilney
## [16] lady    ->middleton  miss     ->bingley    thousand->pounds
## [19] miss    ->dashwood   miss     ->bennet     john    ->knightley
## [22] miss    ->morland    captain  ->benwick    dear    ->mis
## + ... omitted several edges
```

　igraphにもプロット関数はありますが、プロットはigraphの本来の設計目的では
ありません。グラフオブジェクトを可視化するためのパッケージはほかにたくさん
作られています。お薦めはggraphパッケージ（Pedersen 2017）です。ggraphパッ
ケージは、ggplot2ですでにおなじみのグラフィックス文法に従ってグラフの可視化
を実装しています。

　igraphオブジェクトは、ggraph関数でggraphに変換できます。そして、ggplot2
にレイヤを追加するのと同じように、変換後のggraphにはレイヤを追加できます。
たとえば、基本的なグラフでは、節点、辺、テキストの3つのレイヤを追加する必
要があります（**図4-4**参照）。

```
library(ggraph)
set.seed(2017)

ggraph(bigram_graph, layout = "fr") +
  geom_edge_link() +
  geom_node_point() +
  geom_node_text(aes(label = name), vjust = 1, hjust = 1)
```

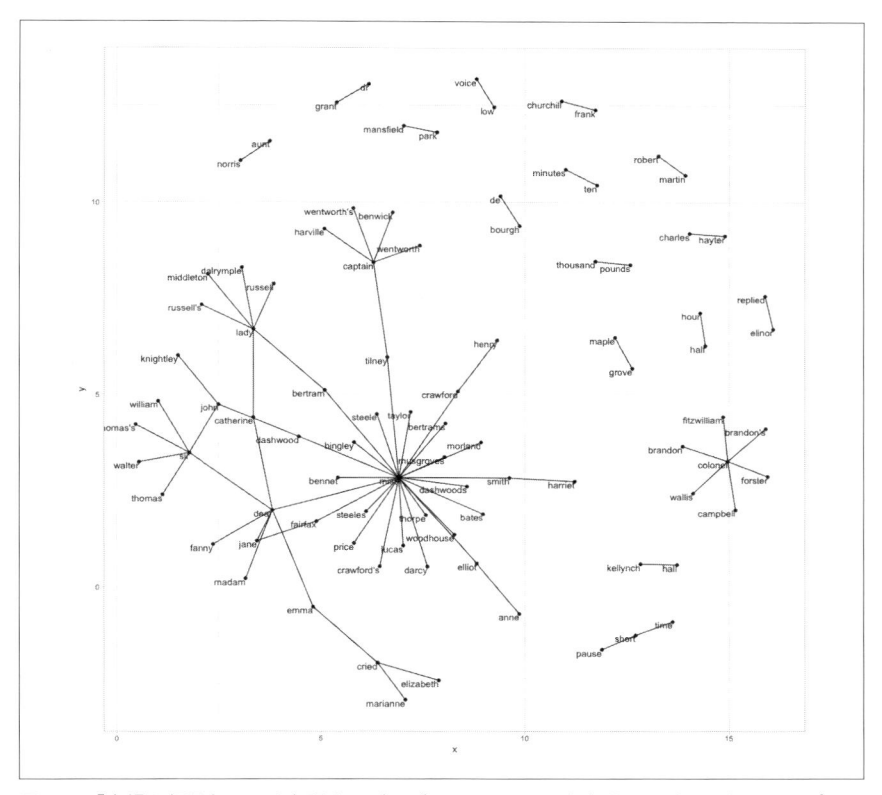

図4-4 『高慢と偏見』でよく出現するバイグラム。20回以上出現し、どちらもストップワードではない単語だけに絞り込んである

　図4-4からは、テキストの構造の詳細を垣間見ることができます。たとえば、「miss」、「lady」、「sir」、「colonel」(大佐)といった敬称が中心的な節点となって、そこから名前が続く形がよく見られます。外周の方には、「half hour」、「thousand pounds」、「short time/pause」のように、よく使われる短いフレーズもあります。

　最後に、もっと見た目のよいグラフを作りましょう(図4-5参照)。それには少し工夫が必要です。

- リンクレイヤにedge_alpha処理を加え、バイグラムの頻度に合わせてリンクの透明度を変えます(頻度の高いものほど色が濃くなるようにします)。
- grid::arrow()を使って向きを示す矢印を描きます。矢印が節点に触れる直前

で止まるように end_cap オプションも指定します。

- 節点を魅力的に見せるために、節点のレイヤにオプションを追加します。
- theme_void() でネットワークのプロットに役立つテーマを追加します。

```
set.seed(2016)

a <- grid::arrow(type = "closed", length = unit(.15, "inches"))

ggraph(bigram_graph, layout = "fr") +
  geom_edge_link(aes(edge_alpha = n), show.legend = FALSE,
                 arrow = a, end_cap = circle(.07, 'inches')) +
  geom_node_point(color = "lightblue", size = 5) +
  geom_node_text(aes(label = name), vjust = 1, hjust = 1) +
  theme_void()
```

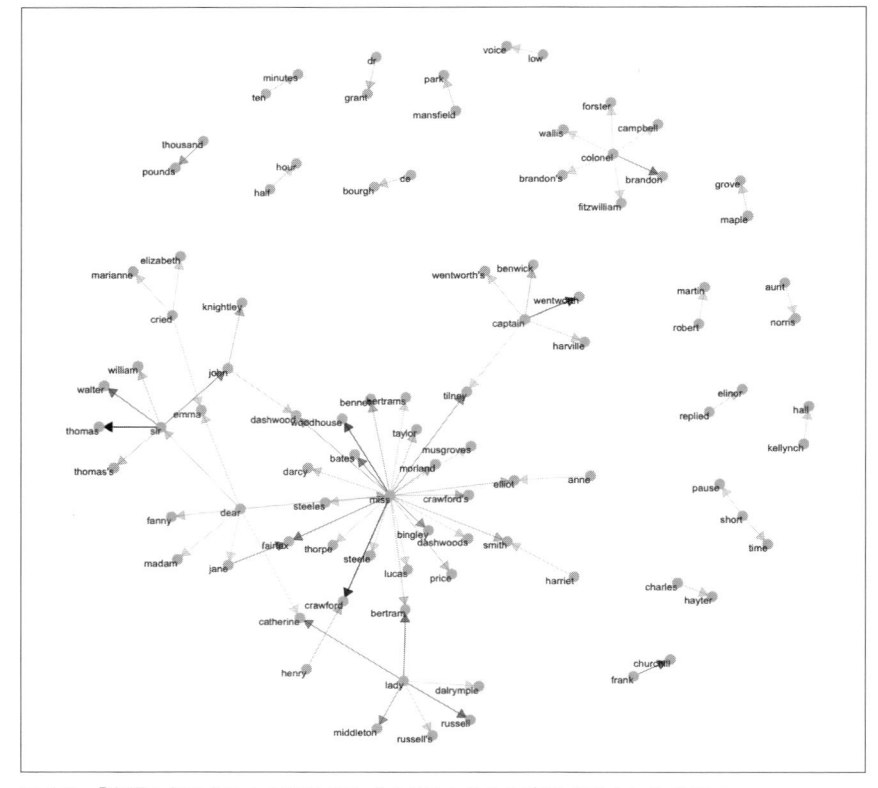

図4-5　『高慢と偏見』でよく出現するバイグラムの少し表示を工夫したグラフ

　ネットワークをこのようにプレゼンテーションに使える形で描くためには、ggraphのパラメータをあれこれ操作しなければならないでしょう。しかし、ネットワーク構造は、整理データの関係を可視化するための手段としては、柔軟性が高く便利です。

これはテキスト処理でよく使われるモデルである**マルコフ連鎖**の可視化だということに注意してください。マルコフ連鎖では、個々の単語の選択が影響を受けるのは、直前の単語だけです。この場合、このモデルに従って無作為に単語を出力するジェネレータは、個々の単語の後ろに続くことの多い単語をたどって、「dear」を出力すると、次に「sir」を出力し、さらにその次に「william/walter/thomas/thomas's」を出力します。ここでは、見て理解できるようにするために、出現頻度の高い組み合わせだけを表示しましたが、テキストに出現するすべてのつながりを表現する膨大なグラフを想像してみてください。

4.1.5　ほかのテキストのバイグラムの可視化

　バイグラムのクリーニング、可視化についてはかなりの作業を積み重ねてきました。そこで、それを関数にまとめて、ほかのテキストデータセットにも簡単に実行できるようにしましょう。

count_bigrams()とvisualize_bigrams()を実際に使うために、コードではこれらの関数を使うために必要なパッケージを改めてロードし直しています。

```
library(dplyr)
library(tidyr)
library(tidytext)
library(ggplot2)
library(igraph)
library(ggraph)

count_bigrams <- function(dataset) {
  dataset %>%
    unnest_tokens(bigram, text, token = "ngrams", n = 2) %>%
    separate(bigram, c("word1", "word2"), sep = " ") %>%
```

```
      filter(!word1 %in% stop_words$word,
             !word2 %in% stop_words$word) %>%
      count(word1, word2, sort = TRUE)
}

visualize_bigrams <- function(bigrams) {
  set.seed(2016)
  a <- grid::arrow(type = "closed", length = unit(.15, "inches"))

  bigrams %>%
    graph_from_data_frame() %>%
    ggraph(layout = "fr") +
    geom_edge_link(aes(edge_alpha = n), show.legend = FALSE, arrow = a) +
    geom_node_point(color = "lightblue", size = 5) +
    geom_node_text(aes(label = name), vjust = 1, hjust = 1) +
    theme_void()
}
```

　今度はほかの作品のバイグラムを可視化しましょう。たとえば、欽定訳聖書はどうでしょうか（**図4-6**参照）。

```
# 欽定訳聖書はProject GutenbergのID 10の本
library(gutenbergr)
kjv <- gutenberg_download(10)

library(stringr)

kjv_bigrams <- kjv %>%
  count_bigrams()

# 数字と出現頻度の低い組み合わせを除去
kjv_bigrams %>%
  filter(n > 40,
         !str_detect(word1, "\\d"),
         !str_detect(word2, "\\d")) %>%
  visualize_bigrams()
```

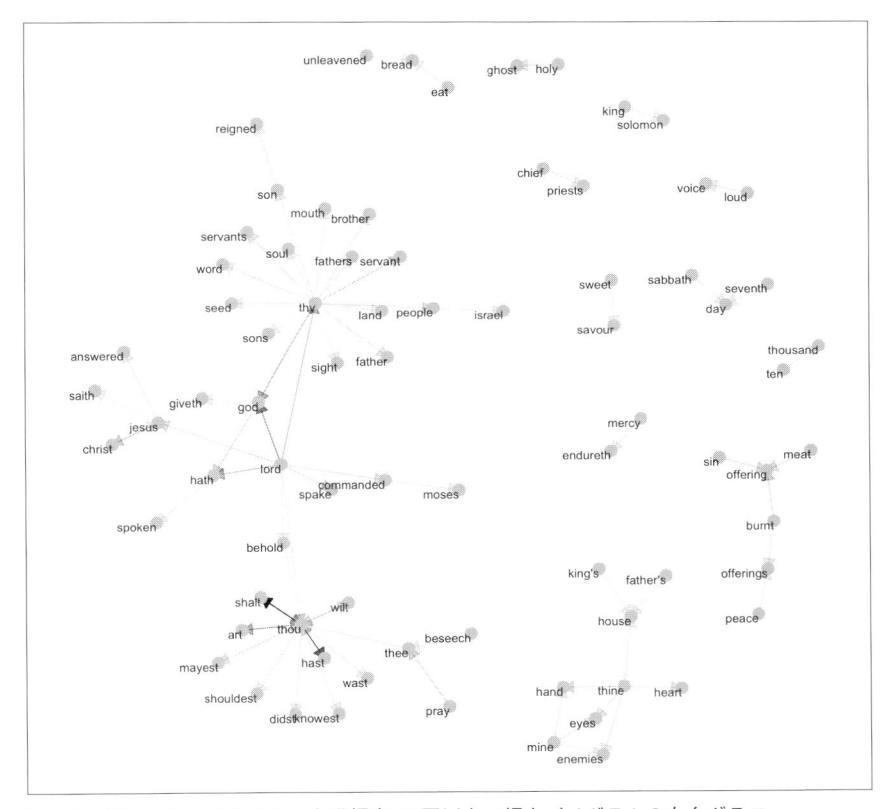

図4-6 欽定訳聖書に含まれる出現頻度40回以上の頻出バイグラムの有向グラフ

図4-6は、特に「thy」と「thou」を中心とする聖書の中の言葉遣いの共通の設計図と考えることができます（thou は you、thy は your の古語であり、おそらくストップワードとすべき）。gutenbergr パッケージと count_bigrams/visualize_bigrams 関数の組み合わせを使えば、興味のあるほかの古典的書物のバイグラムを可視化できます。

4.2　widyrパッケージによる2つの単語の出現頻度と相関

　n グラムによるトークン化は、隣り合った単語のペアを探索するための方法として便利なものです。しかし、特定の文書や特定の章で共起する傾向がある単語（隣り合っていなくても）にも興味がわきます。

　整理データは、行単位で変数やグループを比較するときには役立ちますが、行と行の比較は難しくなります。たとえば、同じ文書で2つの単語が出現する回数を数えたり、両者の相関が強いかどうかを解析したりといったことです。ペア単位での出現頻度や相関の計算では、ほとんどの場合、データをまずワイド行列に変換します。

　整理テキストをワイド行列に変換する方法については、第5章でいくつか紹介しますが、この場合はそのようなものは不要です。widyrパッケージ（https://github.com/dgrtwo/widyr）は、「データをワイド化し、処理を実行してから、整理形式に戻す」というパターン（図4-7）を単純化して出現頻度や相関を計算するといった操作を単純化します。ここでは、観測対象（たとえば、文書や節）のグループの間でペアごとの比較を行う関数に注目していきます。

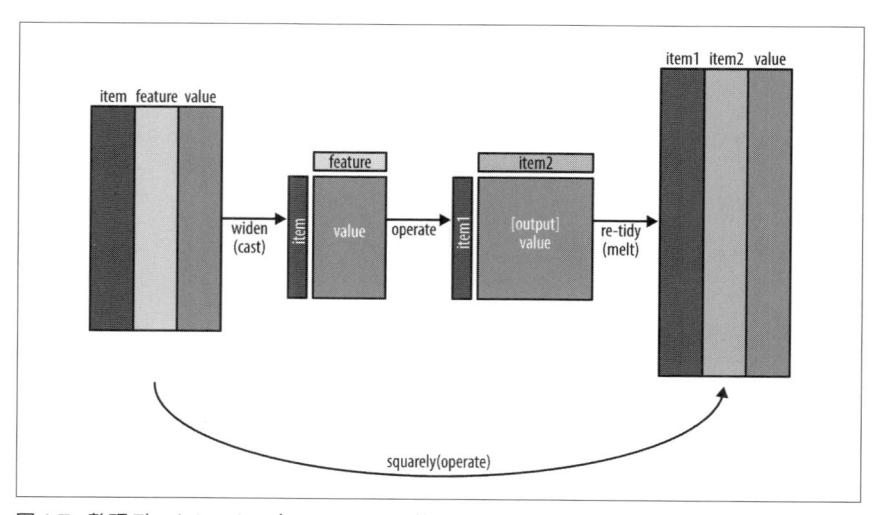

図4-7　整理データセットに含まれる2つの値を数えたり、両者の相関を調べたりすることができるwidyrパッケージの考え方。widyrは、まず整理データセットをwide matrixに「キャスト」してから、相関等の操作を実行し、結果を整理データセットに再変換する。

4.2.1　節単位の出現頻度と相関

　第2章のセンチメント分析のときと同じように、『高慢と偏見』を10行の節（section）に分割してみましょう。そのあとで、同じ節に共起する単語を調べます。

```
austen_section_words <- austen_books() %>%
  filter(book == "Pride & Prejudice") %>%
  mutate(section = row_number() %/% 10) %>%
  filter(section > 0) %>%
  unnest_tokens(word, text) %>%
  filter(!word %in% stop_words$word)

austen_section_words

## # A tibble: 37,240 × 3
##                book section         word
##              <fctr>  <dbl>        <chr>
## 1  Pride & Prejudice      1        truth
## 2  Pride & Prejudice      1   universally
## 3  Pride & Prejudice      1  acknowledged
## 4  Pride & Prejudice      1       single
## 5  Pride & Prejudice      1   possession
## 6  Pride & Prejudice      1      fortune
## 7  Pride & Prejudice      1         wife
## 8  Pride & Prejudice      1     feelings
## 9  Pride & Prejudice      1        views
## 10 Pride & Prejudice      1     entering
## # ... with 37,230 more rows
```

　widyrには、`pairwise_count()`関数という便利な関数があります。プレフィックス `pairwise_` は、word変数内の個々の単語ペアごとに1行ずつという意味です。これを使えば、同じ節内で共起する2つの単語の出現回数を数えることができます。

```
library(widyr)

# 節内で共起する単語の出現回数
word_pairs <- austen_section_words %>%
  pairwise_count(word, section, sort = TRUE)

word_pairs

## # A tibble: 796,008 × 3
```

```
##       item1     item2     n
##       <chr>     <chr> <dbl>
## 1    darcy elizabeth   144
## 2 elizabeth     darcy   144
## 3     miss elizabeth   110
## 4 elizabeth      miss   110
## 5 elizabeth      jane   106
## 6     jane elizabeth   106
## 7     miss     darcy    92
## 8    darcy      miss    92
## 9 elizabeth   bingley    91
## 10  bingley elizabeth    91
## # ... with 795,998 more rows
```

　入力は文書（10行の節）と単語のペアごとに1行ずつだったのに対し、出力は単語のペアごとに1行ずつになっていることに注意しましょう。これも整理形式ですが、新しい問いに答えられるまったく別の構造になっています。

　たとえば、この節の最頻出語ペアは、2大登場人物の「Elizabeth」（エリザベス）と「Darcy」（ダーシー）です。「Darcy」と共起する頻度が高い単語も簡単に調べることができます。

```
word_pairs %>%
  filter(item1 == "darcy")
```

```
## # A tibble: 2,930 × 3
##      item1   item2     n
##      <chr>   <chr> <dbl>
## 1  darcy elizabeth   144
## 2  darcy     miss    92
## 3  darcy  bingley    86
## 4  darcy     jane    46
## 5  darcy   bennet    45
## 6  darcy   sister    45
## 7  darcy     time    41
## 8  darcy     lady    38
## 9  darcy   friend    37
## 10 darcy  wickham    37
## # ... with 2,920 more rows
```

4.2.2 ペアごとの相関

「Elizabeth」と「Darcy」のようなペアは共起する頻度が最も高いと言っても、**独立した単語としても頻出する**ので特別大きな意味はありません。それよりも、単語の**相関**（correlation）、つまり別々に出現する頻度と比べていっしょに出現する頻度が高いかどうかの方が意味があります。

ここでは特に 2 値相関の指標としてよく使われるファイ（ϕ）係数（https://en.wikipedia.org/wiki/Phi_coefficient）に注目しましょう。ファイ係数は、X と Y が単独で出現する頻度と比べて、**両方とも**出現するか**どちらも**出現しない頻度がどれだけ高いかを示します。

表4-1 を見てみましょう。

表4-1 ファイ係数を計算するために使う値

	Yあり	**Yなし**	**計**
Xあり	n_{11}	n_{10}	$n_{1.}$
Xなし	n_{01}	n_{00}	$n_{0.}$
計	$n_{.1}$	$n_{.0}$	n

たとえば、n_{11} は、X と Y の 2 つの単語がともに含まれる文書、n_{00} は、どちらも含まれていない文書、n_{10} と n_{01} は片方だけが含まれる文書を示します。この表の場合、ファイ係数は次のようになります。

$$\phi = \frac{n_{11}n_{00} - n_{10}n_{01}}{\sqrt{n_{1.}\, n_{0.}\, n_{.0}\, n_{.1}}}$$

ファイ係数は、対象が 2 つの値のときには、ピアソン相関（どこかで聞いたことがある名前かもしれませんが）と同等です。

widyr の `pairwise_cor()` 関数は、同じ節における出現頻度に基づき、単語間のファイ係数を計算します。構文は `pairwise_count()` と同じです。

```
# 少なくともまず、比較的頻出する単語だけに絞り込む必要があります
word_cors <- austen_section_words %>%
  group_by(word) %>%
  filter(n() >= 20) %>%
  pairwise_cor(word, section, sort = TRUE)
```

```
word_cors
```

```
## # A tibble: 154,842 × 3
##        item1      item2 correlation
##        <chr>      <chr>       <dbl>
## 1    bourgh         de   0.9624093
## 2        de     bourgh   0.9624093
## 3    pounds   thousand   0.7692354
## 4  thousand     pounds   0.7692354
## 5 catherine       lady   0.7501901
## 6      lady  catherine   0.7501901
## 7   william        sir   0.7060700
## 8       sir    william   0.7060700
## 9    forster    colonel   0.6026888
## 10   colonel    forster   0.6026888
## # ... with 154,832 more rows
```

この出力形式は、探索に便利です。たとえば、`filter`関数を使えば、ある単語（たとえば「pounds」）と最も相関が強い単語を探し出すことができます。

```
word_cors %>%
  filter(item1 == "pounds")
```

```
## # A tibble: 393 × 3
##      item1      item2 correlation
##      <chr>      <chr>       <dbl>
## 1  pounds   thousand  0.76923536
## 2  pounds        ten  0.32826448
## 3  pounds   wickham's  0.20425287
## 4  pounds    settled  0.16892105
## 5  pounds   children  0.14627204
## 6  pounds    fortune  0.12076408
## 7  pounds      ready  0.10556321
## 8  pounds particulars  0.10556321
## 9  pounds       town  0.10131893
## 10 pounds   believed  0.09589253
## # ... with 383 more rows
```

このようにすると、最も注目すべき単語を拾い出し、それと関連性の高いほかの単語を探し出すことができます（**図4-8**参照）。

```
word_cors %>%
  filter(item1 %in% c("elizabeth", "pounds", "married", "pride")) %>%
  group_by(item1) %>%
  top_n(6) %>%
  ungroup() %>%
  mutate(item2 = reorder(item2, correlation)) %>%
  ggplot(aes(item2, correlation)) +
  geom_bar(stat = "identity") +
  facet_wrap(~ item1, scales = "free") +
  coord_flip()
```

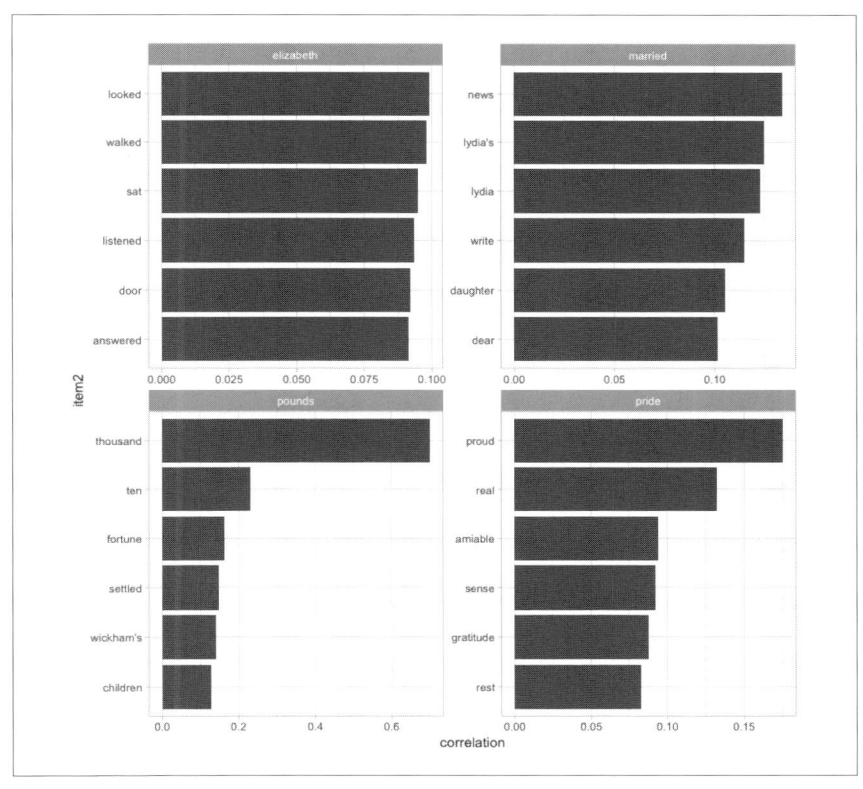

図4-8 『高慢と偏見』でelizabeth、pounds、married、prideとの相関が特に強い単語

　バイグラムの可視化でggraphを使いましたが、widyrパッケージで探し出した相関や単語のクラスタの可視化にもggraphを使います（**図4-9**参照）。

```
set.seed(2016)

word_cors %>%
  filter(correlation > .15) %>%
  graph_from_data_frame() %>%
  ggraph(layout = "fr") +
  geom_edge_link(aes(edge_alpha = correlation), show.legend = FALSE) +
  geom_node_point(color = "lightblue", size = 5) +
  geom_node_text(aes(label = name), repel = TRUE) +
  theme_void()
```

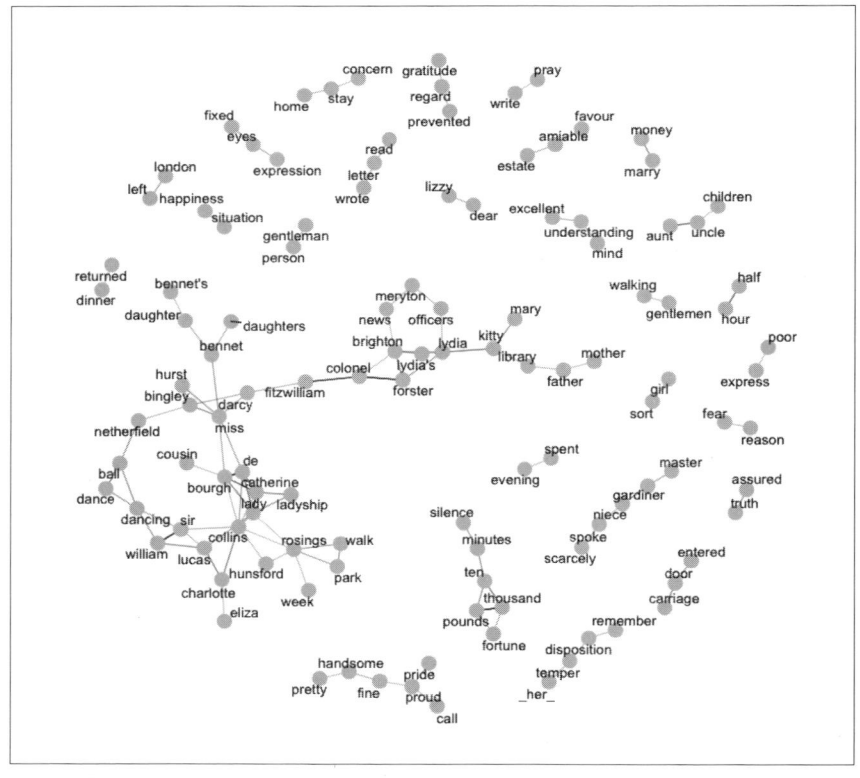

図4-9　『高慢と偏見』で同じ10行の節の中で少なくとも0.15の相関で出現する単語のペア

　バイグラムの分析とは異なり、ここでの関係には向き（矢印）はなく、対称的だということに注意してください。頻出するバイグラムのリストで支配的だった「colonel/fitzwilliam」のような敬称と名前の組み合わせがここにも含まれていますが、「walk」と「park」、「dance」と「ball」のような近くで使われることの多い組み合わせも含まれていることがわかります。

4.3　まとめ

　この章では、整理テキストのアプローチが個別の単語の分析だけでなく、単語の関係や結び付きの探索にも役立つことを示しました。そのような分析としては、ある単語の後ろによく現れる単語を調べるnグラム、互いに近接して出現する単語を調べる共起、相関などがあります。この章では、こういった種類の関係をネットワークとして可視化するggraphパッケージも使いました。このようなネットワークとしての可視化は、関係を探索するためのツールとして柔軟性が高く、以降の章のケーススタディでも重要な役割を果たします。

# 5章

未整理形式へ（から）の変換

4章までは、整理テキスト形式、すなわち unnest_tokens() 関数などで作られる1行1文書1トークンという形の表にまとめられたテキストを分析してきました。こうすることにより、dplyr、tidyr、ggplot2などの広く使われている整理ツールスイートでテキストデータを探索、可視化することができるようになります。そして、これらのツールで示唆に富む多くのテキスト分析ができることを示してきました。

しかし、自然言語処理用に作られた既存のRツールの大半は、tidytextパッケージを除き、この形式を処理できません。自然言語処理のCRANタスクビューページ（https://cran.r-project.org/web/views/NaturalLanguageProcessing.html）には、ほかの構造の入力を受け付け、未整理形式の出力を生成するパッケージがたくさんリストアップされています。これらのパッケージは、テキストマイニングアプリケーションで非常に役立ち、既存のテキストデータセットの多くは、この形式に従って作られています。

コンピュータ科学者のハル・アベルソンは、「個々の操作がいかに複雑で洗練されていたとしても、システムの能力を直接最も大きく決定づけるものは、グルーの質であることが多い」と言っています。この章では、その言葉に従い、整理テキスト形式とほかの重要なパッケージ、データ構造を結び付ける「グルー」（glue、糊）について考えていきましょう。グルーがあれば、既存のテキストマイニングパッケージと整理ツールスイートの両方を使って分析を進められます。

図5-1は、整理と未整理のデータ構造、ツールをどのように切り替えていくかを示しています。この章では、DTM（文書-単語行列）の整理と整理データフレームの疎行列へのキャストに重点を置いて説明していきます。また、未加工のテキストと文書のメタデータを結合したコーパスオブジェクトをテキストデータフレームに変換する方法も取り上げ、株式に関するテキストデータを取り込み、分析するケース

スタディにつないでいきます。

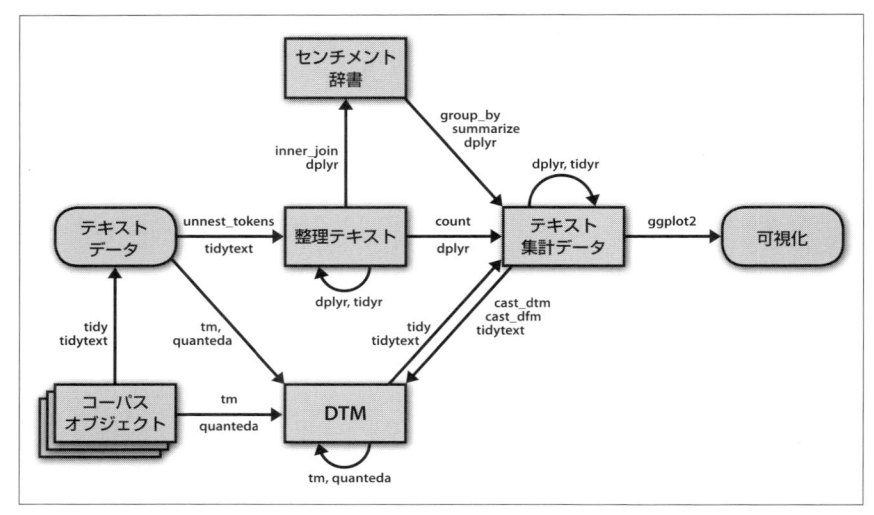

図5-1　tidytextとその他のツール、データ形式（特にtm、quantedaパッケージ）を併用する
典型的なテキスト分析のフローチャート。この章は、DTMと整理データフレームの
相互変換とコーパスオブジェクトの整理データフレームへの変換の方法を説明する。

5.1　DTMの整理

　DTM（文書-単語行列、https://en.wikipedia.org/wiki/Document-term_matrix）は、
テキストマイニングパッケージの操作対象として最も広く使われているデータ構造
の1つで、次のような特徴を持っています。

- 各行は、1つの文書（本や章）を表します。
- 各列は、1つの単語を表します。
- 個々の値は、（一般に）その単語の文書内における出現頻度です。

　文書と単語のほとんどの組み合わせは出現回数なし（値0）なので、DTMは疎行列
として実装されるのが普通です。疎行列は、行列と同じように扱うことができるも
の（たとえば、特定の行や列へのアクセス）、行列よりも効率のよい形式で格納さ
れます。この章では、そのような行列のいくつかの実装方法を取り上げます。

　DTMオブジェクトを整理ツールで直接操作することはできませんが、これはほ

とんどのテキストマイニングパッケージの入力として整理データフレームを使えないのと同じです。そこで、tidytext パッケージは、2つの形式の間の相互変換のために2つの関数を提供しています。

- tidy() 関数は、DTM を整理データフレームに変換します。これは、さまざまな統計モデルやオブジェクトのために整理関数を提供している broom パッケージ（Robinson 2017）に由来するものです。
- cast() は、1行1単語の整理データフレームを行列に変換します。tidytext のこの関数には3種類のものがあり、それぞれ異なるタイプの行列への変換を行います。cast_sparse() は Matrix パッケージの疎行列、cast_dtm() は tm パッケージの DocumentTermMatrix オブジェクト、cast_dfm() は quanteda の dfm オブジェクトを出力します。

図5-1 に示すように、DTM は count や group_by/summarize を実行したあとの整理データフレームと同じように、単語と文書の組み合わせの出現頻度、その他の統計情報を格納しています。

5.1.1 DocumentTermMatrix オブジェクトの整理

R で最も広く使われている DTM は、おそらく tm パッケージの DocumentTermMatrix クラスでしょう。多くのテキストマイニングデータセットがこの形式で提供されています。たとえば、topicmodels パッケージに含まれている AP 通信の記事コレクションについて考えてみましょう。

```
library(tm)

data("AssociatedPress", package = "topicmodels")
AssociatedPress

## <<DocumentTermMatrix (documents: 2246, terms: 10473)>>
## Non-/sparse entries: 302031/23220327
## Sparsity           : 99%
## Maximal term length: 18
## Weighting          : term frequency (tf)
```

このデータセットには文書（1つ1つが AP 通信記事）と単語が含まれています。この DTM は 99% 疎（文書と単語のペアの 99% が出現回数 0）であることに注意してくだ

さい。文書内の単語には、Terms()関数でアクセスできます。

```
terms <- Terms(AssociatedPress)
head(terms)

## [1] "aaron"      "abandon"    "abandoned"  "abandoning" "abbott"     "abboud"
```

　整理ツールでこのデータを分析したければ、まず、1行1文書1トークンという整理データフレームに変換します。broomパッケージは、未整理オブジェクトを受け付け、整理データフレームに変換するtidy()関数を導入しました。tidytextパッケージは、DocumentTermMatrixオブジェクトに対してこの関数を実装しています。

```
library(dplyr)
library(tidytext)

ap_td <- tidy(AssociatedPress)
ap_td

## # A tibble: 302,031 × 3
##    document       term count
##       <int>      <chr> <dbl>
## 1         1     adding     1
## 2         1      adult     2
## 3         1        ago     1
## 4         1    alcohol     1
## 5         1  allegedly     1
## 6         1      allen     1
## 7         1 apparently     2
## 8         1   appeared     1
## 9         1   arrested     1
## 10        1    assault     1
## # ... with 302,021 more rows
```

　document、term、count変数による3列のtbl_dfが作られています。この整理は、疎ではない行列に対するreshape2パッケージ（Wickham 2007）のmelt()関数とよく似ています。

整理された出力には、0以外の値しか含まれていないことに注意してください。文書1には、「adding」、「adult」などの単語が含まれていますが、「aaron」や「abandon」は含まれていません。つまり、整理されたデータには、countが0の行はありません。

　4章までで説明したように、この出力形式は、dplyr、tidytext、ggplot2パッケージを使った分析で便利に使うことができます。たとえば、第2章で説明したアプローチを使えば、これらの新聞記事に対してセンチメント分析を行うことができます。

```
ap_sentiments <- ap_td %>%
  inner_join(get_sentiments("bing"), by = c(term = "word"))

ap_sentiments

## # A tibble: 30,094 × 4
##    document    term count sentiment
##       <int>   <chr> <dbl>    <chr>
## 1         1 assault     1 negative
## 2         1 complex     1 negative
## 3         1   death     1 negative
## 4         1    died     1 negative
## 5         1    good     2 positive
## 6         1 illness     1 negative
## 7         1  killed     2 negative
## 8         1    like     2 positive
## 9         1   liked     1 positive
## 10        1 miracle     1 positive
## # ... with 30,084 more rows
```

　これを使えば、**図5-2**のように、AP通信の記事でポジティブ、ネガティブな感情を最も多く呼び起こしている単語がどれかを可視化できます。よく登場するポジティブな単語は、「like」、「work」、「support」、「good」など、ネガティブな単語は「killed」、「death」、「vice」などです（ネガティブな単語として「vice」が入っているのは、おそらくアルゴリズム側の間違いでしょう。通常は「vice president」として使われています）。

```
library(ggplot2)

ap_sentiments %>%
  count(sentiment, term, wt = count) %>%
  ungroup() %>%
  filter(n >= 200) %>%
  mutate(n = ifelse(sentiment == "negative", -n, n)) %>%
  mutate(term = reorder(term, n)) %>%
  ggplot(aes(term, n, fill = sentiment)) +
  geom_bar(stat = "identity") +
```

```
ylab("Contribution to sentiment") +
coord_flip()
```

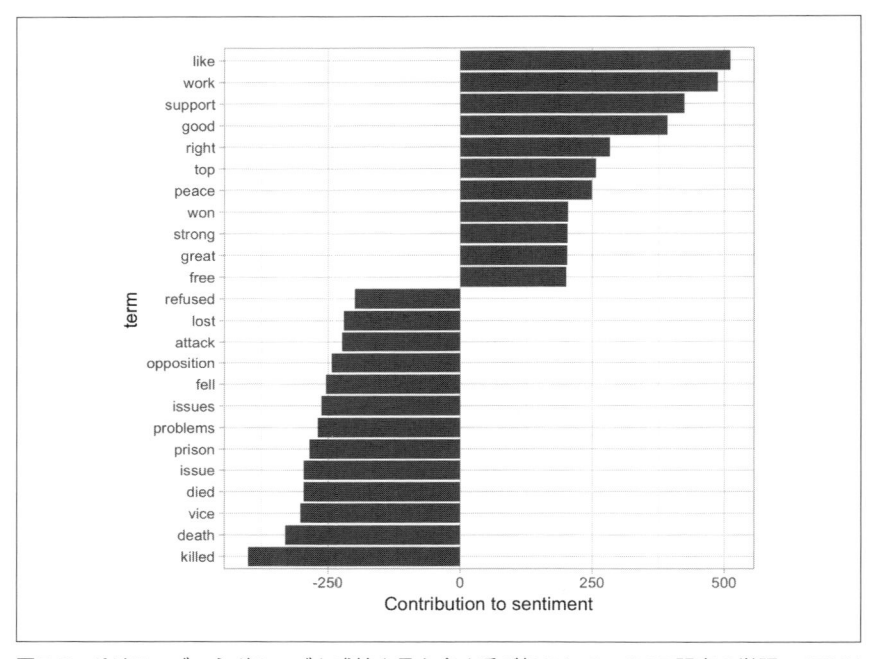

図5-2　ポジティブ、ネガティブな感情を最も多く呼び起こしている AP記事の単語。AFINN 辞書のセンチメントスコアと出現頻度の積に基づいて比較している。

5.1.2　dfmオブジェクトの整理

　DTMの別の実装を提供しているテキストマイニングパッケージもあります。たとえば、quantedaパッケージ（Benoit and Nulty 2016）はdfm（document-feature matrix、文書-特徴量行列）クラスを提供しています。quantedaパッケージには、大統領の就任演説のコーパスが付属しており、適切な関数を使ってdfmに変換できます。

```
library(methods)

data("data_corpus_inaugural", package = "quanteda")
inaug_dfm <- quanteda::dfm(data_corpus_inaugural, verbose = FALSE)

inaug_dfm
```

```
## Document-feature matrix of: 58 documents, 9,357 features (91.8% sparse).
```

`tidy` メソッドは `dfm` オブジェクトにも対応しており、1行1文書1トークンの表形式に変換することができます。

```
inaug_td <- tidy(inaug_dfm)
inaug_td

## # A tibble: 44,709 x 3
##          document              term count
##          <chr>                <chr> <dbl>
## 1 1789-Washington fellow-citizens     1
## 2       1797-Adams fellow-citizens     3
## 3   1801-Jefferson fellow-citizens     2
## 4     1809-Madison fellow-citizens     1
## 5     1813-Madison fellow-citizens     1
## 6     1817-Monroe fellow-citizens     5
## 7     1821-Monroe fellow-citizens     1
## 8   1841-Harrison fellow-citizens    11
## 9       1845-Polk fellow-citizens     1
## 10    1849-Taylor fellow-citizens     1
## # ... with 44,699 more rows
```

それぞれの就任演説で最も特徴的な単語を探し出したいとします。これは、第3章で説明したように、`bind_tf_idf()` 関数を使って個々の単語-文書ペアの tf-idf を計算すれば数量化できます。

```
inaug_tf_idf <- inaug_td %>%
  bind_tf_idf(term, document, count) %>%
  arrange(desc(tf_idf))

inaug_tf_idf

## # A tibble: 44,709 x 6
##          document        term count         tf       idf   tf_idf
##          <chr>          <chr> <dbl>      <dbl>     <dbl>    <dbl>
## 1 1793-Washington      arrive     1 0.006802721 4.060443 0.02762206
## 2 1793-Washington  upbraidings     1 0.006802721 4.060443 0.02762206
## 3 1793-Washington     violated     1 0.006802721 3.367296 0.02290677
## 4 1793-Washington     willingly     1 0.006802721 3.367296 0.02290677
## 5 1793-Washington     incurring     1 0.006802721 3.367296 0.02290677
```

```
## 6  1793-Washington    previous    1 0.006802721 2.961831 0.02014851
## 7  1793-Washington    knowingly   1 0.006802721 2.961831 0.02014851
## 8  1793-Washington injunctions    1 0.006802721 2.961831 0.02014851
## 9  1793-Washington    witnesses   1 0.006802721 2.961831 0.02014851
## 10 1793-Washington      besides    1 0.006802721 2.674149 0.01819149
## # ... with 44,699 more rows
```

　このデータを使えば、4つの注目すべき就任演説（リンカーン、ルーズベルト、ケネディ、オバマ）を取り出し、**図5-3**に示すように、それぞれの演説を特徴づける単語を可視化することができます。

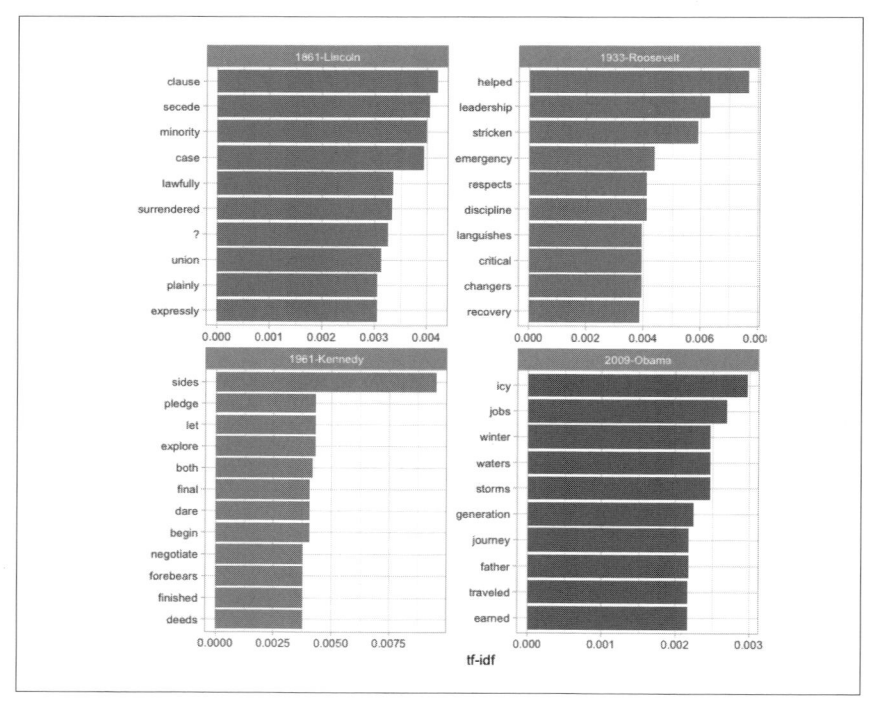

図5-3　選択した4つの就任演説でtf-idfが高い単語。quantedaのトークン化関数は「?」記号を単語として扱っているのに対し、これまでテキストのトークン化に使用していたunnest_tokensは単語として扱っていないことに注意。

　整理データを使った可視化としては、文書名から年を抽出し、各年ごとに単語の出現回数を計算するというものも考えられます。

tidyr の complete() 関数を使って文書内に単語が含まれていなくても表に0 を書き込むようにしていることに注意してください。

```
library(tidyr)

year_term_counts <- inaug_td %>%
    extract(document, "year", "(\\d+)", convert = TRUE) %>%
    complete(year, term, fill = list(count = 0)) %>%
    group_by(year) %>%
    mutate(year_total = sum(count))
```

このデータフレームがあれば、**図 5-4** のように、いくつかの単語を選んで、それらの単語の出現頻度が時代とともにどのように移り変わっていくかを示すことができます。すると、アメリカ大統領は、自国のことを「Union」とは呼ばなくなり、「America」と呼ぶようになってきていることがわかります。また、「Constitution」(憲法) や「foreign」(外国の) などを話題にすることが減り、「freedom」と「God」への言及が増えていることもわかります。

```
year_term_counts %>%
    filter(term %in% c("god", "america", "foreign",
                       "union", "constitution", "freedom")) %>%
    ggplot(aes(year, count / year_total)) +
    geom_point() +
    geom_smooth() +
    facet_wrap(~ term, scales = "free_y") +
    scale_y_continuous(labels = scales::percent_format()) +
    ylab("% frequency of word in inaugural address")
```

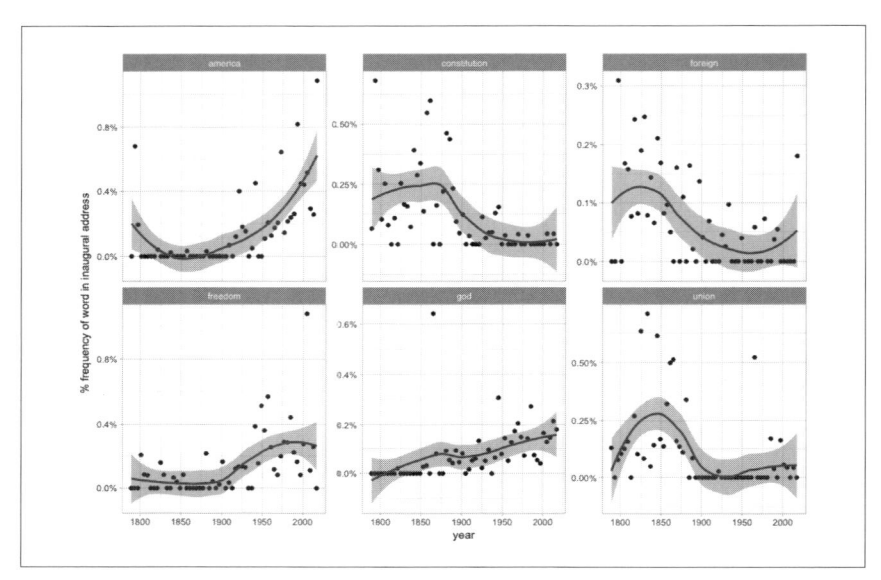

図5-4　4つの選択した単語の大統領就任演説における出現頻度が時代とともに変化する様子

　これらの例は、tidytextと関連する整理ツールスイートを使えば、もとのデータが整理形式になっていない場合でも分析できることがわかります。

5.2　整理データの行列へのキャスト

　既存のテキストマイニングパッケージがサンプルデータや出力としてDTMを使用しているのと同じように、その種の行列を入力とするアルゴリズムもあります。そこで、tidytextは、整理形式からDTMへの変換を行うcast_機能を提供しています。

　たとえば、cast_dtm()関数を使えば、整理されたAP通信記事のデータセットをDTM形式に戻すことができます。

```
ap_td %>%
  cast_dtm(document, term, count)

## <<DocumentTermMatrix (documents: 2246, terms: 10473)>>
## Non-/sparse entries: 302031/23220327
## Sparsity           : 99%
## Maximal term length: 18
```

```
## Weighting          : term frequency (tf)
```

　同様に、**cast_dfm()** を使えば、同じデータセットを quanteda の **dfm** オブジェクトにキャストできます。

```
ap_td %>%
cast_dfm(document, term, count)
```

```
## Document-feature matrix of: 2,246 documents, 10,473 features (98.7% sparse).
```

　単純に疎行列を必要とするツールもあります。

```
library(Matrix)
```

```
# Matrixオブジェクトへのキャスト
m <- ap_td %>%
  cast_sparse(document, term, count)
```

```
class(m)
```

```
## [1] "dgCMatrix"
## attr(,"package")
## [1] "Matrix"
```

```
dim(m)
```

```
## [1]  2246 10473
```

　本書で今まで使ってきた整理テキスト形式のデータは、どれも簡単にこの種の変換をすることができます。たとえば、ジェーン・オースティンの小説は、わずか数行のコードで DTM 化できます。

```
library(janeaustenr)
```

```
austen_dtm <- austen_books() %>%
  unnest_tokens(word, text) %>%
  count(book, word) %>%
  cast_dtm(book, word, n)
```

```
austen_dtm
```

```
## <<DocumentTermMatrix (documents: 6, terms: 14520)>>
```

```
## Non-/sparse entries: 40379/46741
## Sparsity          : 54%
## Maximal term length: 19
## Weighting         : term frequency (tf)
```

このキャスト処理を使えば、dplyrなどの整理ツールで読み出し、フィルタリング、処理を行った上で、その結果を機械学習アプリケーションが使うDTMに変換することができます。第6章では、処理のために整理テキスト形式のデータセットをDocumentTermMatrixに変換しなければならない例について検討します。

5.3　メタデータを持つコーパスオブジェクトの整理

トークン化する前の文書コレクションを格納するために設計されたデータ構造がいくつかあります。これらは「コーパス」と呼ばれています。tmパッケージのコーパスオブジェクトは、よく知られた例の1つです。この種のコーパスは、テキストともにメタデータ（metadata）を格納しています。メタデータとしては、各文書のID、日時、タイトル、言語などが含まれます。

たとえば、tmパッケージには、ロイターの50本のニュース記事を収録するacqコーパスが含まれています。

```
data("acq")
acq

## <<VCorpus>>
## Metadata:  corpus specific: 0, document level (indexed): 0
## Content:  documents: 50

# 最初の文書
acq[[1]]

## <<PlainTextDocument>>
## Metadata:  15
## Content:  chars: 1287
```

コーパスオブジェクトは、リストのような構造になっており、各要素にはテキストとメタデータの両方が含まれています（コーパスオブジェクトの操作方法の詳細についてはtmのドキュメントを参照してください）。これは文書の格納方法としては柔軟ですが、整理ツールによる処理には向きません。

そこで、tidy()関数を使えば、1文書1行で、textとともにメタデータ（idや
datetimestamp）を列とする表を作ることができます。

```
acq_td <- tidy(acq)
acq_td

## # A tibble: 50 × 16
##                        author       datetimestamp description
##                         <chr>              <dttm>       <chr>
## 1                        <NA> 1987-02-26 10:18:06
## 2                        <NA> 1987-02-26 10:19:15
## 3                        <NA> 1987-02-26 10:49:56
## 4  By Cal Mankowski, Reuters 1987-02-26 10:51:17
## 5                        <NA> 1987-02-26 11:08:33
## 6                        <NA> 1987-02-26 11:32:37
## 7      By Patti Domm, Reuter 1987-02-26 11:43:13
## 8                        <NA> 1987-02-26 11:59:25
## 9                        <NA> 1987-02-26 12:01:28
## 10                       <NA> 1987-02-26 12:08:27
##                                          heading    id language
##                                            <chr> <chr>    <chr>
## 1    COMPUTER TERMINAL SYSTEMS <CPML> COMPLETES SALE    10       en
## 2     OHIO MATTRESS <OMT> MAY HAVE LOWER 1ST QTR NET    12       en
## 3     MCLEAN'S <MII> U.S. LINES SETS ASSET TRANSFER    44       en
## 4    CHEMLAWN <CHEM> RISES ON HOPES FOR HIGHER BIDS    45       en
## 5    <COFAB INC> BUYS GULFEX FOR UNDISCLOSED AMOUNT    68       en
## 6        INVESTMENT FIRMS CUT CYCLOPS <CYL> STAKE    96       en
## 7  AMERICAN EXPRESS <AXP> SEEN IN POSSIBLE SPINNOFF   110       en
## 8   HONG KONG FIRM UPS WRATHER<WCO> STAKE TO 11 PCT   125       en
## 9            LIEBERT CORP <LIEB> APPROVES MERGER   128       en
## 10     GULF APPLIED TECHNOLOGIES <GATS> SELLS UNITS   134       en
## # ... with 40 more rows, and 10 more variables: language <chr>, origin <chr>,
## #   topics <chr>, lewissplit <chr>, cgisplit <chr>, oldid <chr>,
## #   places <list>, people <lgl>, orgs <lgl>, exchanges <lgl>, text <chr>
```

　この表に対してunnest_tokens()を使えば、たとえば50本のロイター記事で最も
よく使われている単語や個々の記事を特徴づける単語を探し出すことができます。

```
acq_tokens <- acq_td %>%
  select(-places) %>%
  unnest_tokens(word, text) %>%
  anti_join(stop_words, by = "word")

# 最頻出語
acq_tokens %>%
  count(word, sort = TRUE)

## # A tibble: 1,566 × 2
##         word     n
##        <chr> <int>
## 1      dlrs   100
## 2       pct    70
## 3       mln    65
## 4   company    63
## 5    shares    52
## 6    reuter    50
## 7     stock    46
## 8     offer    34
## 9     share    34
## 10 american    28
## # ... with 1,556 more rows

# tf-idf
acq_tokens %>%
  count(id, word) %>%
  bind_tf_idf(word, id, n) %>%
  arrange(desc(tf_idf))

## Source: local data frame [2,853 x 6]
## Groups: id [50]
##
##       id   word     n      tf     idf  tf_idf
##    <chr>  <chr> <int>   <dbl>   <dbl>   <dbl>
```

```
## 1    186   groupe    2 0.13333333 3.912023 0.5216031
## 2    128   liebert   3 0.13043478 3.912023 0.5102639
## 3    474   esselte   5 0.10869565 3.912023 0.4252199
## 4    371   burdett   6 0.10344828 3.912023 0.4046920
## 5    442  hazleton   4 0.10256410 3.912023 0.4012331
## 6    199   circuit   5 0.10204082 3.912023 0.3991860
## 7    162  suffield   2 0.10000000 3.912023 0.3912023
## 8    498      west   3 0.10000000 3.912023 0.3912023
## 9    441       rmj   8 0.12121212 3.218876 0.3901668
## 10   467   nursery   3 0.09677419 3.912023 0.3785829
## # ... with 2,843 more rows
```

5.3.1　例：株式に関する記事のマイニング

　コーパスオブジェクトは、テキストデータの取り込み用パッケージでよく使われる出力形式です。tidy()関数のおかげでさまざまなテキストデータにアクセスできるわけです。たとえば、オンラインフィードに接続し、キーワードに基づいてニュース記事を読み出してくるtm.plugin.webmining（https://cran.r-project.org/package=tm.plugin.webmining）というパッケージがあります。これを使って、WebCorpus(YahooFinanceSource("MSFT"))を実行すれば、Microsoft（MSFT）株に関連する20本の最新記事を取得できます。

　それでは、Microsoft、Apple、Google、Amazon、Facebook、Twitter、IBM、Yahoo!、NetflixというIT大手9社の株式に関連する最新記事を読み出してみましょう[1]。

 この結果は、この章が書かれた2017年1月にダウンロードしたものであり、読者のみなさんが実際に実行したときには結果は異なるでしょう。また、このコードは実行には数分かかるので注意してください。

---

[1] 訳注：原著では、GoogleFinanceSource を使用していますが、2017年11月に Google Finance の URL やポートフォリオ機能の削除などの仕様変更があり、現バージョンの tm.plugin. webmining の GoogleFinanceSource を使用することができません。また、tm.plugin.webmining パッケージの利用には、rJava パッケージが必要です。rJava パッケージのロードでエラーが出る場合、該当ライブラリを直接読み込むか、OS 上パスの通っい場所にシンボリックリンクを作る必要があります。

```
library(tm.plugin.webmining)
library(purrr)

company <- c("Microsoft", "Apple", "Google", "Amazon", "Facebook",
             "Twitter", "IBM", "Yahoo", "Netflix")
symbol <- c("MSFT", "AAPL", "GOOG", "AMZN", "FB", "TWTR", "IBM", "YHOO", "NFLX")

download_articles <- function(symbol) {
  WebCorpus(YahooFinanceSource(symbol))
}

stock_articles <- data_frame(company = company,
                             symbol = symbol) %>%
  mutate(corpus = map(symbol, download_articles))
```

　このコードは、purrr パッケージの map() 関数を使っています。この関数は、symbol に含まれる各要素に関数を適用してリストを作ります。得られたリストは、stock_articles の corpus 列に格納しています[*1]。

```
## # A tibble: 9 x 3
##     company symbol          corpus
##       <chr>  <chr>          <list>
## 1 Microsoft   MSFT <S3: WebCorpus>
## 2     Apple   AAPL <S3: WebCorpus>
## 3    Google   GOOG <S3: WebCorpus>
## 4    Amazon   AMZN <S3: WebCorpus>
## 5  Facebook     FB <S3: WebCorpus>
## 6   Twitter   TWTR <S3: WebCorpus>
## 7       IBM    IBM <S3: WebCorpus>
## 8     Yahoo   YHOO <S3: WebCorpus>
## 9   Netflix   NFLX <S3: WebCorpus>
```

　corpus 列のリストに含まれる個々の要素は、acq のようなコーパスの特別な形である WebCorpus オブジェクトになっています。そこで、個々の WebCorpus オブジェクトを tidy() 関数でデータフレームに変換し、tidyr の unnest() で入れ子構造を平坦化し、unnest_tokens() で個々の記事の text 列をトークン化することができます。

---

*1　訳注：本書で表示されるデータは 2017 年 1 月現在のものです。本書と同じデータは、https://github.com/dgrtwo/tidy-text-mining/blob/master/data/stock_articles.rda を読み込むことで再現することができます。

```
stock_tokens <- stock_articles %>%
  unnest(map(corpus, tidy)) %>%
  unnest_tokens(word, text) %>%
  select(company, datetimestamp, word, id, heading)

stock_tokens

## # A tibble: 13,477 x 5
##       company       datetimestamp     word
##       <chr>                <dttm>     <chr>
##  1 Microsoft 2018-03-20 09:35:27     share
##  2 Microsoft 2018-03-20 09:35:27        by
##  3 Microsoft 2018-03-20 09:35:27  salvador
##  4 Microsoft 2018-03-20 09:35:27 rodriguez
##  5 Microsoft 2018-03-20 09:35:27     david
##  6 Microsoft 2018-03-20 09:35:27    ingram
##  7 Microsoft 2018-03-20 09:35:27       and
##  8 Microsoft 2018-03-20 09:35:27   douglas
##  9 Microsoft 2018-03-20 09:35:27   busvine
## 10 Microsoft 2018-03-20 09:35:27       san
## # ... with 13,467 more rows, and 2 more variables: id <chr>, heading <chr>
```

出力には、使われている単語とともに個々の記事のメタデータが含まれています。tf-idfを使えば、各銘柄の記事で使われている最も特徴的な単語がわかります。

```
library(stringr)

stock_tf_idf <- stock_tokens %>%
  count(company, word) %>%
  filter(!str_detect(word, "\\d+")) %>%
  bind_tf_idf(word, company, n) %>%
  arrange(-tf_idf)
```

図5-5は、各銘柄の特徴的な単語を図示したものです。当然予想されるように、会社名とシンボル、製品や役員の名前、取引先企業（たとえば、NetflixのDisneyなど）などが含まれています。

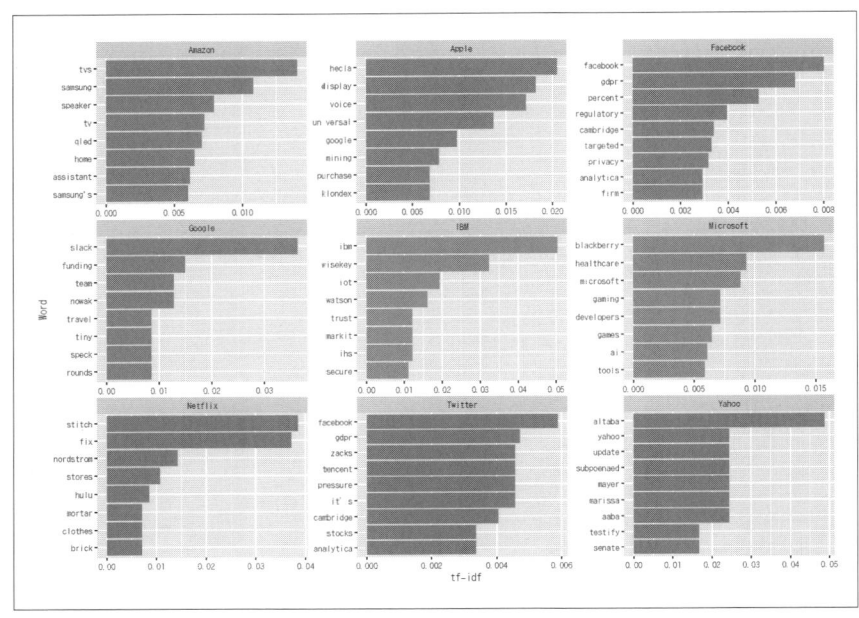

図5-5　各銘柄の最近の記事で使われている単語の中でtf-idfが最も高い8つの単語

　最近の株式に関する記事を使って市場を分析し、投資先を判断しようと思うな
ら、センチメント分析を使ってニュースの内容がポジティブなものかネガティブな
ものかを調べたいところです。しかし、そのような分析をするためには、まず、「2.4
ポジティブ、ネガティブな感情を示す単語の最も一般的な例」で示したようなポジ
ティブ、ネガティブな感情を引き起こす単語が何かを考える必要があります。たと
えばAFINN辞書を使えば、このようなセンチメント分析をすることができます（**図
5-6参照**）。

```
stock_tokens %>%
  anti_join(stop_words, by = "word") %>%
  count(word, id, sort = TRUE) %>%
  inner_join(get_sentiments("afinn"), by = "word") %>%
  group_by(word) %>%
  summarize(contribution = sum(n * score)) %>%
  top_n(12, abs(contribution)) %>%
  mutate(word = reorder(word, contribution)) %>%
  ggplot(aes(word, contribution)) +
  geom_col() +
```

```
coord_flip() +
labs(y = "Frequency of word * AFINN score")
```

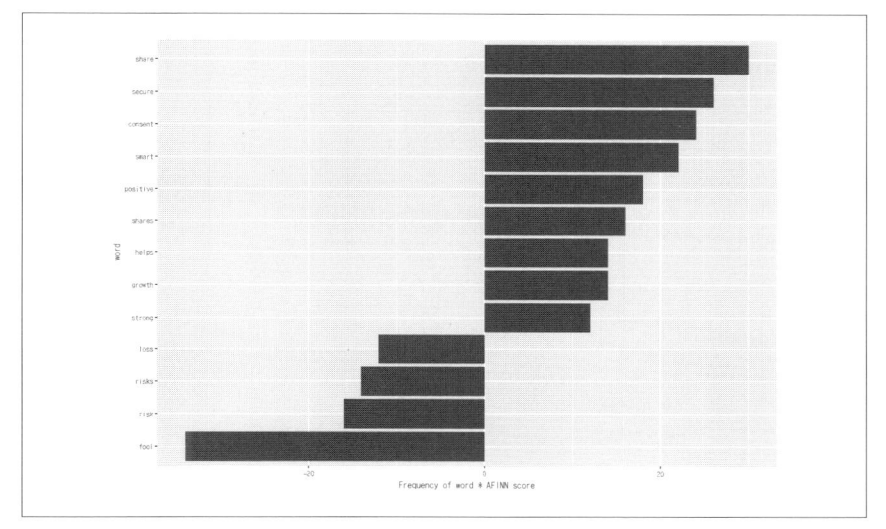

図5-6　AFINN辞書に基づいて最近の株式に関する記事のセンチメント分析をしたときに、最も影響力のあった単語。「影響力」は、語数とセンチメントスコアの積。

　しかし、株式に関する記事というコンテキストでは、注意すべき単語がいくつかあります。「share」や「shares」は、AFINN辞書ではポジティブな動詞として扱われています(「Alice will *share* her cake with Bob」:アリスは自分のケーキをボブに**分けてあげました**)が、株式に関する記事では、ポジティブな文でもネガティブな文でも普通に使われる中立的な名詞です(「The stock price is $12 per *share*」:株価は**単位株**あたり12ドル)。もっと紛らわしいのが単語「fool」で、これは投資情報サービス会社のMotley Foolを指しています。要するに、AFINNセンチメント辞書は、株式に関するデータには不向きなのです(その点では、NRC辞書やBing辞書も同じ)。

　そこで、株式に関する記事の感情を表す単語を集めたLoughran and McDonald辞書(Loughran and McDonald 2011)という別のセンチメント辞書を使います。この辞書は株式に関するレポートの分析に基づいて開発されたもので、「share」や「fool」といった単語を意図的に除いてあるほか、株式に関する記事ではネガティブな意味を持たないことがある「liability」(債務、負債)、「risk」といった単語も除いてあります。

　この辞書は、単語の感情を「positive」、「negative」、「litigious」（訴訟含み）、「uncertain」（不確実）、「constraining」（抑制的）、「superfluous」（過剰）の6種類に分類しています。まず、感情ごとにこのデータセットにおける最頻出語を調べてみましょう（**図5-7**参照）。

```
stock_tokens %>%
  count(word) %>%
  inner_join(get_sentiments("loughran"), by = "word") %>%
  group_by(sentiment) %>%
  top_n(5, n) %>%
  ungroup() %>%
  mutate(word = reorder(word, n)) %>%
  ggplot(aes(word, n)) +
  geom_col() +
  coord_flip() +
  facet_wrap(~ sentiment, scales = "free") +
  ylab("Frequency of this word in the recent financial articles")
```

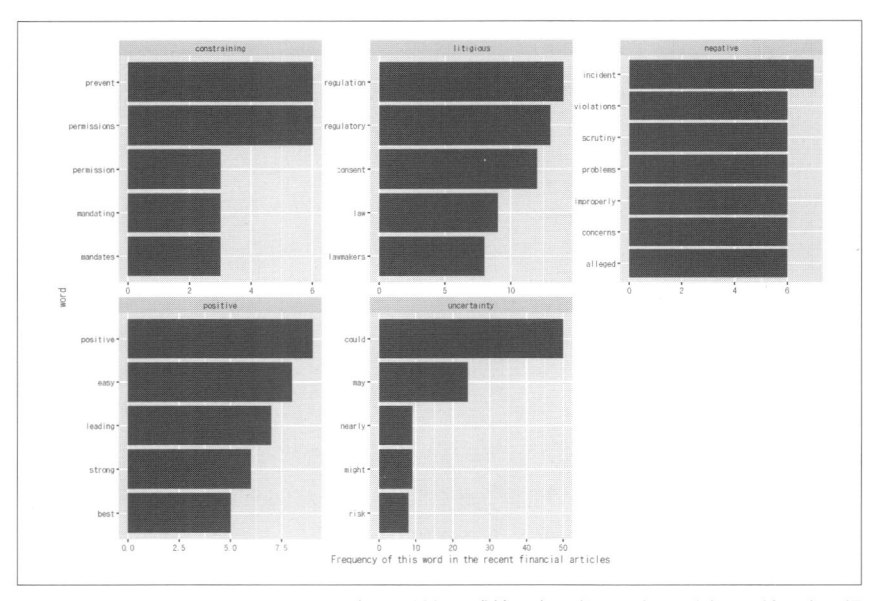

図5-7　Loughran and McDonald辞書の6種類の感情を表す単語の中で最近のIT株記事で頻出しているもの[1]。

---

[1]　訳注：6種類のうちsuperfluous（過剰）に該当する単語は見つかりませんでした。

図5-7に示されている単語と感情の関係は、先ほどよりも合理的に感じられます。よく登場するポジティブな単語には「strong」、「best」などが含まれている一方で、「shares」、「growth」などは含まれていません。ネガティブな単語には、「incident」（インシデント）が含まれる一方で、「fool」は含まれていません。ほかの感情も妥当に見えます。最も一般的な「不確実」な単語には、「could」や「may」が含まれています。

記事の感情を概算するための辞書は信頼できることがわかったので、個々のコーパスに含まれる個々の感情を表す単語の数を数えるいつもの処理を実行しましょう。

```
stock_sentiment_count <- stock_tokens %>%
  inner_join(get_sentiments("loughran"), by = "word") %>%
  count(sentiment, company) %>%
  spread(sentiment, n, fill = 0)

stock_sentiment_count

## # A tibble: 9 x 6
##      company constraining litigious negative positive uncertainty
## *      <chr>        <dbl>     <dbl>    <dbl>    <dbl>       <dbl>
## 1     Amazon            0         9       24       11          11
## 2      Apple            1         2       21        6          14
## 3   Facebook            6        25       41        9          28
## 4     Google            2        13       14        7          15
## 5        IBM            1         6       11       20           2
## 6  Microsoft            7        20       32       38          28
## 7    Netflix            2         0       10       24          18
## 8    Twitter            7        25       59       18          36
## 9      Yahoo            0         6        7        1           1
```

単語「litigious」（訴訟含み）や「uncertain」（不確実）が使われたニュースを最も多い企業を調べてみると面白いでしょう。しかし、第2章のほとんどの分析と同じように、最も単純な指標として、ニュースがポジティブかネガティブかを調べてみることにします。感情の数量化の手段として、(positive-negative)/(positive+negative) を使います（図5-8参照）。

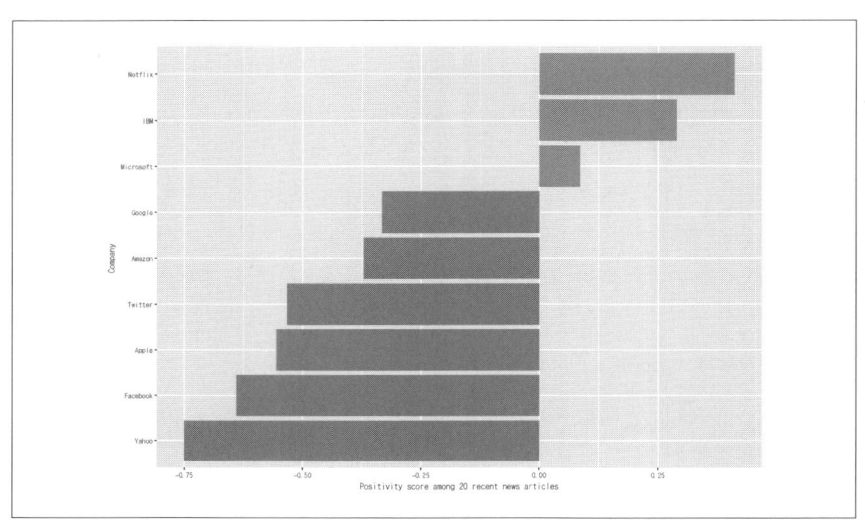

図5-8　各銘柄を扱った記事の「ポジティブ度」。各社についての20本の最新記事に含まれる
ポジティブな単語、ネガティブな単語から(positive-negative)/(positive+negative)を
計算して得られた値。

```
stock_sentiment_count %>%
    mutate(score = (positive - negative) / (positive + negative)) %>%
    mutate(company = reorder(company, score)) %>%
    ggplot(aes(company, score, fill = score > 0)) +
    geom_col(show.legend = FALSE) +
    coord_flip() +
    labs(x = "Company",
         y = "Positivity score among 20 recent news articles")
```

　この分析によると、Yahoo、Facebook、Apple、Twitterを扱った記事の大半はと
てもネガティブなのに対し、NetflixとIBMを扱った記事は非常にポジティブだと言
うことができます。記事の見出しをざっと見た感じでは、この結論は大きく間違っ
ていないようです。さらに分析を進めてみたい場合は、多数作られている計量ファ
イナンスパッケージの中のどれかを使って、これらの記事と最近の株価、その他の
指標を比較してみるとよいでしょう。

5.4 まとめ

　テキスト分析ではさまざまなツールが必要です。しかし、それらのツールの多くは入出力として整理形式ではないデータを使っています。この章では、整理テキストデータフレームと疎行列形式のDTMの相互変換の方法と、文書のメタデータを含むコーパスオブジェクトの整理の方法を説明しました。次章では、入力としてDTMを必要とするtopicmodelsパッケージを使うので、これらの変換ツールがテキスト分析の重要な構成要素であることを改めて示します。

6章
トピックモデリング

　テキストマイニングでは、ブログ投稿や新聞記事といった文書のコレクションを使うことがよくあります。こういったコレクションの内容は、自然なグループに分類してグループごとに理解するようにしたいところです。トピックモデリングはそのような文書を教師なしで分類する方法で、数値データのクラスタリングとよく似ています。何を探しているのかがはっきりしないときでも、要素の自然な分類方法を探していきます。

　潜在的ディリクレ配分法（Latent Dirichlet Allocation、LDA）は、特に広く使われているトピックモデリングの手法です。LDAは、この種の文書をトピックの組み合わせ、個々のトピックを単語の組み合わせとして扱います。このようにすると、文書を別々のグループに厳格に分けてしまうのではなく、内容から見て文書が互いに「重なり合う」ことを認められるようになります。自然言語の一般的な使い方を反映した方法だと言うことができるでしょう。

　図6-1が示すように、整理テキスト原則に従い、本書で今まで使ってきたのと同じ整理ツールセットを使えば、トピックモデリングにもアプローチできます。この章では、topicmodelsパッケージ（https://cran.r-project.org/package=topicmodels）のLDAオブジェクトの操作方法を学びます。特に、モデルを整理してggplot2やdplyrで操作できるようにすることに力を注ぎます。また、複数の本の章をクラスタリングする例を通じて、トピックモデルがテキストの内容に基づいて4冊の本の違いを見分ける「学習をする」ところを見ていきます。

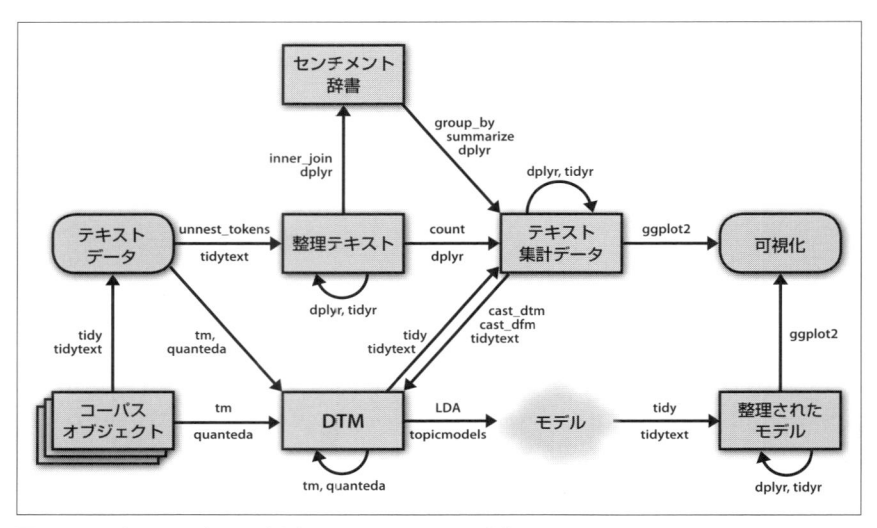

図6-1　トピックモデリングを組み込んだテキスト分析のフローチャート。topicmodelsパッケージは、DTMを入力とし、tidytextで整理できるモデルを出力する。整理されたモデルは、dplyrやggplot2で操作、可視化することができる。

6.1　LDA

　LDAは、トピックモデリングで最もよく使われているアルゴリズムの1つです。モデルの背後の数学に首を突っ込まなくても、LDAが次の2つの原則に導かれていることは理解できます。

すべての文書はトピック（テーマ）の組み合わせ

個々の文書は、特定の割合で複数のトピックに関連する単語が含まれたものだと考えることができます。たとえば、2トピックモデルでは、「文書1はトピックAが90%、トピックBが10%なのに対し、文書2はトピックAが30%、トピックBが70%だ」と言うことができます。

すべてのトピックは単語の組み合わせ

たとえば、アメリカのニュースは、「政治」と「娯楽」の2つのトピックから構成されると考えることができます。政治のトピックでよく登場する単語は、「President」（大統領）、「Congress」（議会）、「government」（政府）などですが、娯楽のトピックは「movies」、「television」、「actor」（俳優）といっ

た単語から作られています。重要なのは、複数のトピックが1つの単語を共有できることです。「budget」（予算）などの単語は、両方で同じように出てきます。

LDAは、これら2つを同時に推定するための数学的な方法です。個々の文書を形作るトピックの組み合わせを明らかにしながら、個々のトピックに関連する言葉の組み合わせを探し出していきます。このアルゴリズムの既存の実装はいくつかありますが、ここではその中の1つを深く掘り下げていきます。

AssociatedPressデータセットについては第5章で簡単に触れましたが、これはtopicmodelsパッケージがDocumentTermMatrixの例として提供しているものです。ここには、アメリカのAP通信社が主として1988年に配信した2,246本のニュース記事が集められています。

```
library(topicmodels)

data("AssociatedPress")
AssociatedPress

## <<DocumentTermMatrix (documents: 2246, terms: 10473)>>
## Non-/sparse entries: 302031/23220327
## Sparsity           : 99%
## Maximal term length: 18
## Weighting          : term frequency (tf)
```

2トピックLDAモデルは、k = 2を指定してtopicmodelsパッケージのLDA()関数を呼び出せば作れます。

実際のトピックモデルは、ほとんどの場合がkとしてもっと大きな値を使っていますが、ここでの分析アプローチはトピック数が増えても簡単に拡張できることをあとで示します。

この関数は、単語とトピックがどのように結び付き、トピックと文書がどのように結び付いているかなど、モデルの適合度の詳細をまとめたオブジェクトを返します。

```
# 出力されるモデルが予測可能になるように、種（seed）を設定しています
ap_lda <- LDA(AssociatedPress, k = 2, control = list(seed = 1234))
```

```
ap_lda
```

```
## A LDA_VEM topic model with 2 topics.
```

　モデルの作成は「簡単な部分」です。これからの分析は、tidytextパッケージの整理関数を使ってモデルを探り、解釈していきます。

6.1.1　単語−トピック確率

　第5章では、モデルオブジェクトを整理し、broomパッケージ（Robinson 2017）を起源とするtidy()関数を紹介しました。tidytextパッケージのtidy()関数では、モデルから各トピックごとの単語の出現確率であるβ（ベータと呼ぶ）を抽出するために使うことができます。

```
library(tidytext)
```

```
ap_topics <- tidy(ap_lda, matrix = "beta")
ap_topics
```

```
## # A tibble: 20,946 × 3
##    topic       term       beta
##    <int>      <chr>      <dbl>
## 1      1      aaron 1.686917e-12
## 2      2      aaron 3.895941e-05
## 3      1    abandon 2.654910e-05
## 4      2    abandon 3.990786e-05
## 5      1  abandoned 1.390663e-04
## 6      2  abandoned 5.876946e-05
## 7      1 abandoning 2.454843e-33
## 8      2 abandoning 2.337565e-05
## 9      1     abbott 2.130484e-06
## 10     2     abbott 2.968045e-05
## # ... with 20,936 more rows
```

　tidy()がモデルを1行1単語1トピックの組み合わせの形式に変換していることに注意してください。モデルは、個々の組み合わせが出現する可能性を計算しています。たとえば、単語「aaron」がトピック1に現れる確率は1.686917×10^{-12}と低くなっていますが、トピック2に現れる確率は3.8959408×10^{-5}と高くなっています。

　dplyrのtop_n()を使えば、個々のトピックの中における最頻出の10語がわかりま

す。そして、整理データフレーム形式なので、ggplot2で可視化しやすいという特徴
があります。

```
library(ggplot2)
library(dplyr)

ap_top_terms <- ap_topics %>%
  group_by(topic) %>%
  top_n(10, beta) %>%
  ungroup() %>%
  arrange(topic, -beta)

ap_top_terms %>%
  mutate(term = reorder(term, beta)) %>%
  ggplot(aes(term, beta, fill = factor(topic))) +
  geom_col(show.legend = FALSE) +
  facet_wrap(~ topic, scales = "free") +
  coord_flip()
```

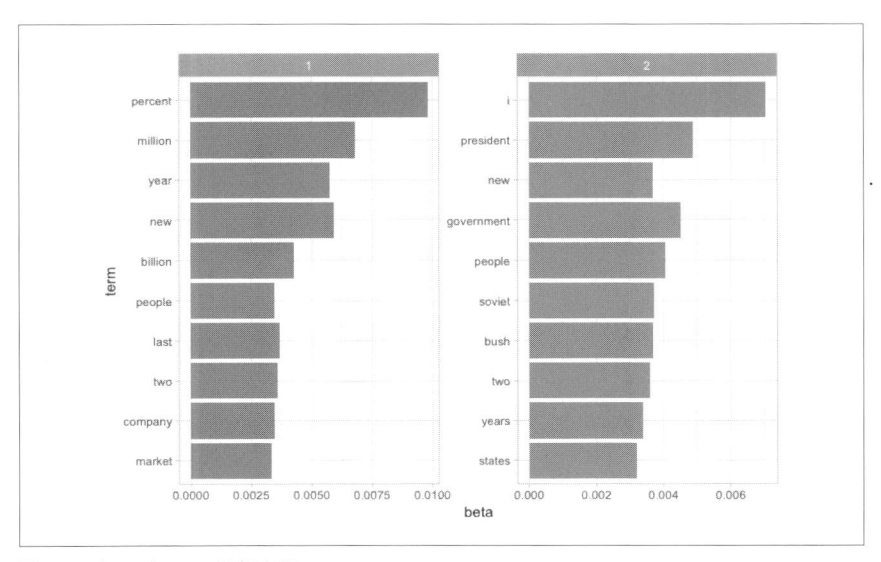

図6-2　各トピックの最頻出語

　このグラフからは、記事から抽出した2つのトピックがどのようなものかがわか
ります。トピック1の最頻出語には、「percent」、「million」、「billion」、「company」

といった単語が含まれているので、ビジネスニュースあるいは株式に関する
ニュースなのでしょう。それに対し、トピック2の最頻出語には、「president」、
「government」、「soviet」が含まれているので、政治ニュースだと予測できます。両
方のトピックの単語を見て気付くことの中で特に重要なのは、「new」、「people」と
いった単語が両方のトピックに共通に含まれていることです。これが「ハードクラ
スタリング」方式に対するLDAの長所です。自然言語で語られているトピックには、
単語の重なりが含まれるものです。

　逆に、トピック1とトピック2の間でβの**差が最も大きい**単語に注目することもで
きます。これは、両者の対数比$\log_2 (\beta_2/\beta_1)$から推計できます。

対数比は、差が対称に表現されるので便利です。つまり、β_2が2倍なら
対数比は1になるのに対し、β_1が2倍なら対数比は-1になるというこ
とです。

　特にトピックとの関連性が強い単語だけに絞り込みたいときには、少なくとも1
つのトピックでβが1/1000以上の単語など、比較的頻出する単語だけに対象を制限
します。

```
library(tidyr)

beta_spread <- ap_topics %>%
  mutate(topic = paste0("topic", topic)) %>%
  spread(topic, beta) %>%
  filter(topic1 > .001 | topic2 > .001) %>%
  mutate(log_ratio = log2(topic2 / topic1))

beta_spread

## # A tibble: 198 × 4
##               term      topic1       topic2   log_ratio
##              <chr>       <dbl>        <dbl>       <dbl>
## 1  administration 4.309502e-04 1.382244e-03   1.6814189
## 2             ago 1.065216e-03 8.421279e-04  -0.3390353
## 3       agreement 6.714984e-04 1.039024e-03   0.6297728
## 4             aid 4.759043e-05 1.045958e-03   4.4580091
## 5             air 2.136933e-03 2.966593e-04  -2.8486628
## 6        american 2.030497e-03 1.683884e-03  -0.2700405
## 7        analysts 1.087581e-03 5.779708e-07 -10.8778386
```

```
## 8           area 1.371397e-03 2.310280e-04  -2.5695069
## 9           army 2.622192e-04 1.048089e-03   1.9989152
## 10         asked 1.885803e-04 1.559209e-03   3.0475641
## # ... with 188 more rows
```

2つのトピックで出現頻度の差が最も大きい単語は、**図6-3**に示す通りです。

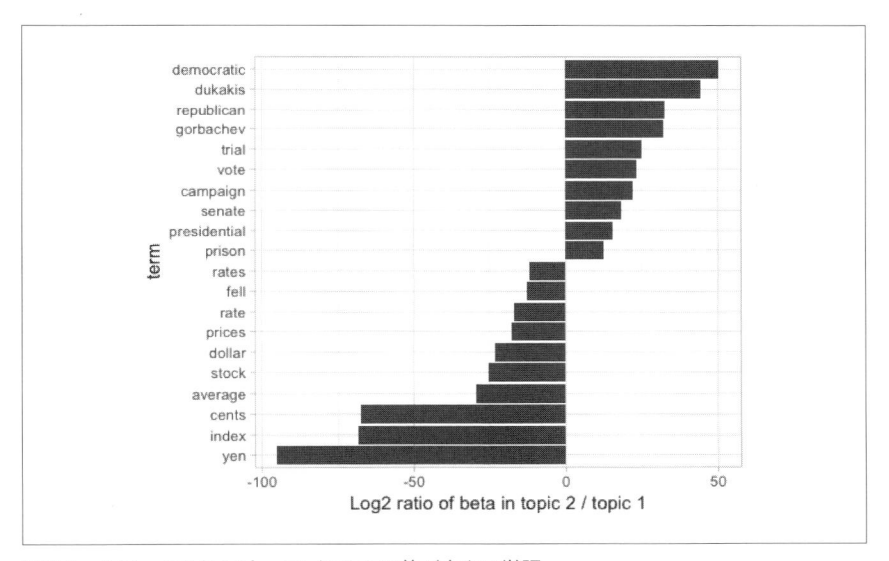

図6-3　トピック2とトピック1とで β の差が大きい単語

　トピック2で頻出する単語の中には、「democratic」（民主）、「republican」（共和）のといった政党名、「dukakis」（デュカキス。1988年当時の民主党大統領候補）「gorbachev」（ゴルバチョフ。当時のソ連最高会議幹部会議長）などの政治家の名前が含まれています。それに対し、トピック1は「yen」や「dollar」といった通貨単位、「index」（指数）、「prices」（価格）、「rates」（レート）といった株式に関する単語を含んでいるところが特徴です。ここからも、アルゴリズムが探し出した2つのトピックは、政治ニュースと株式に関するニュースだということがわかります。

6.1.2　文書-トピック確率

　LDAは、個々のトピックを単語の組み合わせと考えるだけでなく、文書をトピックの組み合わせとしてモデリングします。tidy()にmatrix = "gamma"引数を指定す

ると、各文書のトピックの出現確率である文書-トピック確率γ（ガンマと呼ぶ）を調
べることができます。

```
ap_documents <- tidy(ap_lda, matrix = "gamma")
ap_documents

## # A tibble: 4,492 × 3
##    document topic      gamma
##       <int> <int>      <dbl>
## 1         1     1 0.2480616686
## 2         2     1 0.3615485445
## 3         3     1 0.5265844180
## 4         4     1 0.3566530023
## 5         5     1 0.1812766762
## 6         6     1 0.0005883388
## 7         7     1 0.7734215655
## 8         8     1 0.0044516994
## 9         9     1 0.9669915139
## 10       10     1 0.1468904793
## # ... with 4,482 more rows
```

　個々の値は、文書に含まれる単語のうち、トピックに関連する単語はどれくらい
の割合だと推計できるかを示しています。たとえば、このモデルは、トピック1に
関連する単語は、文書1の単語の24.8%だけだと推計しています。

　これらの文書の多くは、2つのトピックが混ざったものだということがわかりま
すが、文書6はトピック1のγがほぼ0であり、ほとんど完全にトピック2だけから
構成されているようです。文書-単語行列を整理し、その文書の頻出語をチェック
すれば、なぜトピック2と分類されているのかがチェックできます。

```
tidy(AssociatedPress) %>%
  filter(document == 6) %>%
  arrange(desc(count))

## # A tibble: 287 × 3
##    document           term count
##       <int>          <chr> <dbl>
## 1         6        noriega    16
## 2         6         panama    12
## 3         6        jackson     6
## 4         6         powell     6
## 5         6 administration     5
```

```
## 6        6        economic     5
## 7        6         general     5
## 8        6               i     5
## 9        6      panamanian     5
## 10       6        american     4
## # ... with 277 more rows
```

頻出語から考えると、この記事はアメリカ政府とパナマの独裁者だったノリエガ将軍との関係について書かれたもののようです。だとすれば、アルゴリズムがこれをトピック2（政治/国内ニュース）と分類したのは正しかったということです。

6.2 例：図書館荒らし

統計的手法を検証するときには、「正解」がわかっている非常に単純な問題を試してみると役に立つことがあります。たとえば、4つの別々のトピックを扱っていることが明らかな文書を集めてきてトピックモデリングを実行し、アルゴリズムが正しく4つのグループを区別できるかどうかをチェックするというようなことです。こうすれば、この方法が役に立つことをダブルチェックするとともに、どのようなときにどのようにして間違えるのかについての感触が得られます。古典文学のデータでこれを試してみましょう。

賊が書斎に入り込み、蔵書のうち、次の4冊を引き裂いてしまったとします。

- チャールズ・ディケンズの『大いなる遺産』（Great Expectations）
- H・G・ウェルズの『宇宙戦争』（The War of the Worlds）
- ジュール・ベルヌの『海底二万里』（Twenty Thousand Leagues Under the Sea）
- ジェーン・オースティンの『高慢と偏見』（Pride and Prejudice）

この賊は、本を章ごとに破り、1つの山にしていました。バラバラにされたこれらの章をつないでもとの形に復元するにはどうすればよいでしょうか。これは、個々の章が**ラベルなし**（unlabeled）になっており、グループの分類の決め手になる単語がどれかがわからないので、難しい問題です。そこで、トピックモデリングを使って章を別々のトピックにクラスタリングします。そうすれば、個々のクラスタが4冊の本の中のどれかを表すことになるでしょう。

これら4冊のテキストは、第3章で紹介したgutenbergrパッケージを使って入手します。

```
titles <- c("Twenty Thousand Leagues under the Sea", "The War of the Worlds",
            "Pride and Prejudice", "Great Expectations")

library(gutenbergr)

books <- gutenberg_works(title %in% titles) %>%
  gutenberg_download(meta_fields = "title")
```

前処理として、これらを章に分割し、tidytextパッケージのunnest_tokens()を使って単語に分割し、stop_wordsを取り除きます。各章は、Great Expectations_1とかPride and Prejudice_11といった名前の別々の「文書」として扱います（アプリケーションによって、文書は1つの新聞記事であったり、1つのブログの投稿であったりします）。

```
library(stringr)

# 全体を文書に分割（個々の文書は1つの章）
reg <- regex("^chapter ", ignore_case = TRUE)
by_chapter <- books %>%
  group_by(title) %>%
  mutate(chapter = cumsum(str_detect(text, reg))) %>%
  ungroup() %>%
  filter(chapter > 0) %>%
  unite(document, title, chapter)

# 単語に分割
by_chapter_word <- by_chapter %>%
  unnest_tokens(word, text)

# 文書 - 単語の組み合わせをカウント
word_counts <- by_chapter_word %>%
  anti_join(stop_words) %>%
  count(document, word, sort = TRUE) %>%
  ungroup()

word_counts
```

```
## # A tibble: 104,721 × 3
##                  document   word     n
##                     <chr>  <chr> <int>
## 1    Great Expectations_57    joe    88
## 2     Great Expectations_7    joe    70
```

```
## 3     Great Expectations_17    biddy    63
## 4     Great Expectations_27      joe    58
## 5     Great Expectations_38 estella    58
## 6      Great Expectations_2      joe    56
## 7     Great Expectations_23   pocket    53
## 8     Great Expectations_15      joe    50
## 9     Great Expectations_18      joe    50
## 10 The War of the Worlds_16 brother    50
## # ... with 104,711 more rows
```

6.2.1　章を対象とするLDA

word_countsデータフレームは、1行に1つの文書と単語の組み合わせという整理形式になっていますが、topicmodelsパッケージが対応しているのはDocumentTermMatrixです。そこで、「5.2　整理データの行列へのキャスト」で説明したように、tidytextのcast_dtm()を使って1行1トークンの表をDocumentTermMatrixにキャストします。

```
chapters_dtm <- word_counts %>%
  cast_dtm(document, word, n)

chapters_dtm

## <<DocumentTermMatrix (documents: 193, terms: 18215)>>
## Non-/sparse entries: 104721/3410774
## Sparsity           : 97%
## Maximal term length: 19
## Weighting          : term frequency (tf)
```

これでLDA()関数を使って4トピックのモデルを作ることができます。この場合、4つのトピックを探すのは、本が4冊だからです。ほかの問題では、kとして別の値を指定しなければならないこともあるでしょう。

```
chapters_lda <- LDA(chapters_dtm, k = 4, control = list(seed = 1234))
chapters_lda

## A LDA_VEM topic model with 4 topics.
```

AP通信の記事データの場合と同じように、単語-トピック確率を調べることができます。

```
chapter_topics <- tidy(chapters_lda, matrix = "beta")
chapter_topics

## # A tibble: 72,860 x 3
##    topic   term        beta
##    <int>  <chr>        <dbl>
## 1      1     joe 1.436612e-17
## 2      2     joe 5.962111e-61
## 3      3     joe 9.881855e-25
## 4      4     joe 1.447329e-02
## 5      1   biddy 5.139275e-28
## 6      2   biddy 5.022015e-73
## 7      3   biddy 4.307280e-48
## 8      4   biddy 4.775557e-03
## 9      1 estella 2.431464e-06
## 10     2 estella 4.323253e-68
## # ... with 72,850 more rows
```

　ここでは、モデルを1行1トピック1単語の組み合わせの形式に変換しています。モデルは、個々の組み合わせに対して、単語が4つのトピックに属する確率を推計しています。たとえば、単語「joe」が1、2、3のトピックに含まれる確率はほぼ0ですが、4のトピックに含まれる確率は1.45%です。

　dplyrの**top_n()**を使えば、各トピックの上位5個の単語がわかります。

```
top_terms <- chapter_topics %>%
  group_by(topic) %>%
  top_n(5, beta) %>%
  ungroup() %>%
  arrange(topic, -beta)

top_terms

## # A tibble: 20 × 3
##    topic       term        beta
##    <int>      <chr>       <dbl>
## 1      1  elizabeth 0.014101270
## 2      1      darcy 0.008810341
## 3      1       miss 0.008703777
## 4      1     bennet 0.006944344
## 5      1       jane 0.006494613
## 6      2    captain 0.015510635
## 7      2   nautilus 0.013051927
```

```
## 8    2     sea 0.008843483
## 9    2    nemo 0.008709651
## 10   2     ned 0.008031955
## 11   3  people 0.006785987
## 12   3 martians 0.006456394
## 13   3    time 0.005343667
## 14   3   black 0.005277449
## 15   3   night 0.004491174
## 16   4     joe 0.014473289
## 17   4    time 0.006852889
## 18   4     pip 0.006828209
## 19   4  looked 0.006366418
## 20   4    miss 0.006232761
```

この整理データ出力は、ggplot2で簡単に可視化できます（**図6-4**参照）。

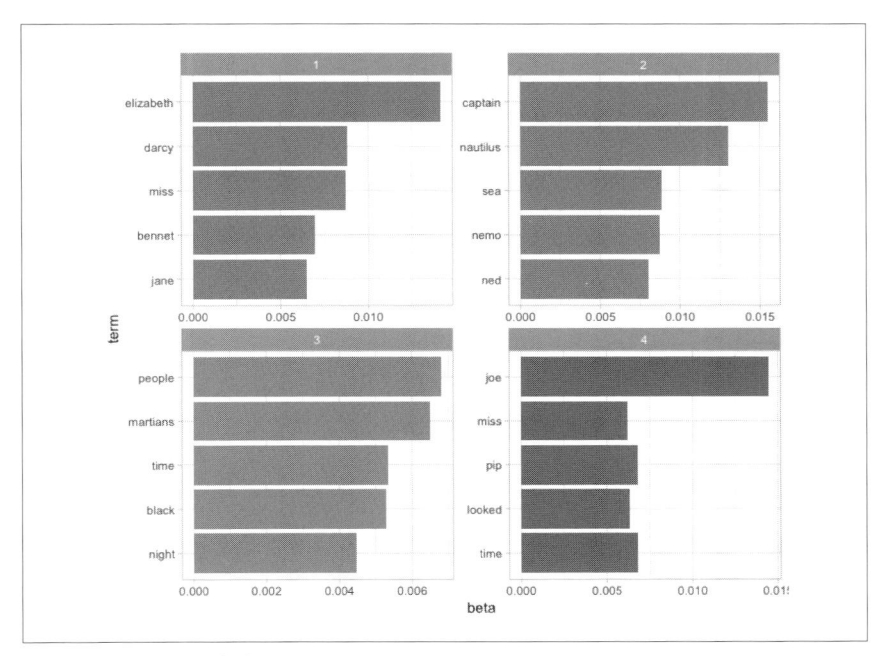

図6-4　各トピックの頻出語

```
library(ggplot2)

top_terms %>%
```

```
mutate(term = reorder(term, beta)) %>%
ggplot(aes(term, beta, fill = factor(topic))) +
geom_col(show.legend = FALSE) +
facet_wrap(~ topic, scales = "free") +
coord_flip()
```

　4つのトピックは4冊の本に明確に対応しています。「captain」、「nautilus」、「sea」、「nemo」のトピックが『海底二万里』であり、「jane」、「darcy」、「elizabeth」のトピックが『高慢と偏見』であることは間違いありません。「pip」、「joe」が『大いなる遺産』、「martians」、「black」、「night」が『宇宙戦争』だということもわかります。そして、LDAが「ファジーなクラスタリング」アルゴリズムであることを反映して、トピック1と4の「miss」、トピック3と4の「time」のように、複数のトピックに共通する頻出語も含まれていることがわかります。

6.2.2　文書ごとの分類

　この分析の個々の文書は、1つの章を表しています。そこで、個々の文書のトピックが何かを知り、章を集めて正しい本を復元したいところです。これは、文書-トピック確率のγを調べればわかります。

```
chapters_gamma <- tidy(chapters_lda, matrix = "gamma")
chapters_gamma

## # A tibble: 772 × 3
##                    document topic       gamma
##                       <chr> <int>       <dbl>
##  # 1   Great Expectations_57     1 1.338547e-05
##  # 2    Great Expectations_7     1 1.456215e-05
##  # 3   Great Expectations_17     1 2.096237e-05
##  # 4   Great Expectations_27     1 1.900804e-05
##  # 5   Great Expectations_33     1 3.552749e-01
##  # 6    Great Expectations_2     1 1.706715e-05
##  # 7   Great Expectations_23     1 5.470853e-01
##  # 8   Great Expectations_15     1 1.243917e-02
##  # 9   Great Expectations_18     1 1.259492e-05
## 10 The War of the Worlds_16     1 1.073638e-05
## # ... with 762 more rows
```

　個々の値は、文書に含まれる単語のうち、そのトピックに関連するものの割合の推計値を表しています。たとえば、文書Great Expectations_57の各単語がトピッ

ク1(『高慢と偏見』)に関連している可能性はわずか0.00135%です。

βとγの2つの確率が得られたので、これまでに行った教師なし学習アルゴリズムが4冊の本をどれくらい正しく見分けられたかがわかります。各章の単語は、ほとんどが(あるいは完全に)対応するトピックに関連するものから構成されているということがわかるはずです。

まず、文書名をタイトルと章に分け、文書-トピック確率を可視化します(**図6-5**参照)。

```
chapters_gamma <- chapters_gamma %>%
  separate(document, c("title", "chapter"), sep = "_", convert = TRUE)

chapters_gamma

## # A tibble: 772 × 4
##                     title chapter topic       gamma
## *                   <chr>   <int> <int>       <dbl>
## 1     Great Expectations      57     1 1.338547e-05
## 2     Great Expectations       7     1 1.456215e-05
## 3     Great Expectations      17     1 2.096237e-05
## 4     Great Expectations      27     1 1.900804e-05
## 5     Great Expectations      38     1 3.552749e-01
## 6     Great Expectations       2     1 1.706715e-05
## 7     Great Expectations      23     1 5.470853e-01
## 8     Great Expectations      15     1 1.243917e-02
## 9     Great Expectations      18     1 1.259492e-05
## 10 The War of the Worlds     16     1 1.073638e-05
## # ... with 762 more rows

# プロットする前にtitleをトピック1、トピック2…の順番にソート
chapters_gamma %>%
  mutate(title = reorder(title, gamma * topic)) %>%
  ggplot(aes(factor(topic), gamma)) +
  geom_boxplot() +
  facet_wrap(~ title)
```

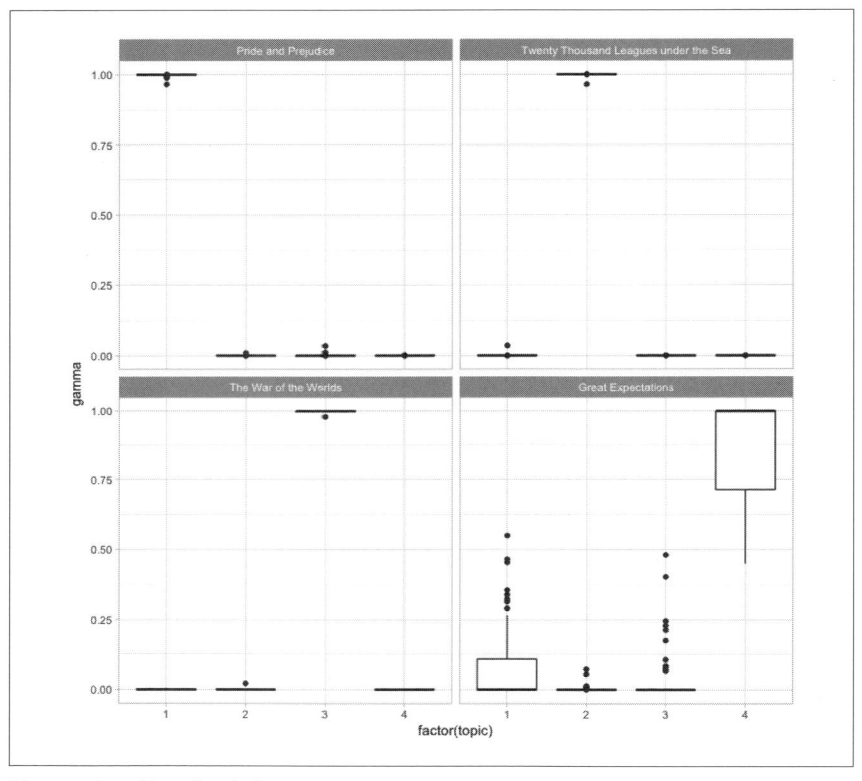

図6-5　それぞれの本の各章の γ

　『高慢と偏見』、『宇宙戦争』、『海底二万里』の章すべてが、1つのトピックに関連しているものと判定されています。

　しかし、『大いなる遺産』の一部の章がほかのトピックに関連していると判断されていることがわかります（本来ならトピック4だと判断されなければなりません）。章と最も関連性の高いトピックがほかの本のトピックになってしまうようなことがあり得るのでしょうか。まず、top_n()を使って各章と最も関連性の高いトピックを調べてみましょう。これは、実質的に章を「分類」することになります。

```
chapter_classifications <- chapters_gamma %>%
  group_by(title, chapter) %>%
  top_n(1, gamma) %>%
  ungroup()
```

```
chapter_classifications
```

```
## # A tibble: 193 × 4
##                 title chapter topic    gamma
##                 <chr>   <int> <int>    <dbl>
##  1  Great Expectations      23     1 0.5470853
##  2 Pride and Prejudice      43     1 0.9999614
##  3 Pride and Prejudice      18     1 0.9999657
##  4 Pride and Prejudice      45     1 0.9999047
##  5 Pride and Prejudice      16     1 0.9999471
##  6 Pride and Prejudice      29     1 0.9999307
##  7 Pride and Prejudice      10     1 0.9999211
##  8 Pride and Prejudice       8     1 0.9999142
##  9 Pride and Prejudice      56     1 0.9999344
## 10 Pride and Prejudice      47     1 0.9999511
## # ... with 183 more rows
```

次に、それぞれを個々の本の「合意」トピック（その本の章のトピックとして最も多いもの）と比較すれば、どの文書の単語が最も間違って分類されているかがわかります。

```
book_topics <- chapter_classifications %>%
  count(title, topic) %>%
  group_by(title) %>%
  top_n(1, n) %>%
  ungroup() %>%
  transmute(consensus = title, topic)

chapter_classifications %>%
  inner_join(book_topics, by = "topic") %>%
  filter(title != consensus)
```

```
## # A tibble: 2 × 5
##                 title chapter topic    gamma           consensus
##                 <chr>   <int> <int>    <dbl>               <chr>
## 1 Great Expectations      23     1 0.5470853   Pride and Prejudice
## 2 Great Expectations      54     3 0.4812041 The War of the Worlds
```

『大いなる遺産』の2つの章だけが誤って分類されていることがわかります。LDAは、1つを『高慢と偏見』（トピック1）、もう1つを『宇宙戦争』（トピック3）と判断しています。教師なしクラスタリングとしては、まずまずの成績です。

6.2.3　単語ごとの分類：augment

　LDAアルゴリズムには、各文書の個々の単語をトピックに分類するステップがあります。一般に、文書内に特定のトピックに分類される単語が多ければ多いほど、文書-トピック分類の重み（gamma）は大きくなるはずです。

　もとの文書-単語のペアに戻り、各文書のどの単語がどのトピックに分類されるのかを調べてみたいところです。これは、augment()関数の仕事です。augment()も、モデル出力の整理の方法としてbroomパッケージが導入した関数です。tidy()がモデルの統計部分を取り出すのに対し、augment()はモデルを使って、もとのデータの観測値に情報を付加します。

```
assignments <- augment(chapters_lda, data = chapters_dtm)
assignments

## # A tibble: 104,722 × 4
##                 document  term count .topic
##                    <chr> <chr> <dbl>  <dbl>
## 1  Great Expectations_57   joe    88      4
## 2   Great Expectations_7   joe    70      4
## 3  Great Expectations_17   joe     5      4
## 4  Great Expectations_27   joe    58      4
## 5   Great Expectations_2   joe    56      4
## 6  Great Expectations_23   joe     1      4
## 7  Great Expectations_15   joe    50      4
## 8  Great Expectations_18   joe    50      4
## 9   Great Expectations_9   joe    44      4
## 10 Great Expectations_13   joe    40      4
## # ... with 104,712 more rows
```

　augment()は、文書-単語の組み合わせの出現頻度を示す整理データフレームを返しますが、それに.topicという列を追加します。この列は、文書内の個々の単語がどのトピックに属するものと判断されたかを示します（augmentが付加する列の名前は、既存の列の上書きを防ぐために、かならず先頭に.を付けたものになります）。このassignmentsの表に推定されたタイトルをつければ、どの単語が誤って分類されたかがわかります。

```
assignments <- assignments %>%
  separate(document, c("title", "chapter"), sep = "_", convert = TRUE) %>%
```

```
inner_join(book_topics, by = c(".topic" = "topic"))

assignments

## # A tibble: 104,722 × 6
##                 title chapter  term count .topic          consensus
##                 <chr>   <int> <chr> <dbl>  <dbl>              <chr>
## 1  Great Expectations      57   joe    88      4 Great Expectations
## 2  Great Expectations       7   joe    70      4 Great Expectations
## 3  Great Expectations      17   joe     5      4 Great Expectations
## 4  Great Expectations      27   joe    58      4 Great Expectations
## 5  Great Expectations       2   joe    56      4 Great Expectations
## 6  Great Expectations      23   joe     1      4 Great Expectations
## 7  Great Expectations      15   joe    50      4 Great Expectations
## 8  Great Expectations      18   joe    50      4 Great Expectations
## 9  Great Expectations       9   joe    44      4 Great Expectations
## 10 Great Expectations      13   joe    40      4 Great Expectations
## # ... with 104,712 more rows
```

この実際の書名（title）と推定された書名（consensus）は、今後の探索で役に立つでしょう。たとえば、dplyr の count() と ggplot2 の geom_tile を使えば、ある本の単語が別の本のものだと推定される頻度を示す**混同行列**（confusion matrix）を表示することができます。

```
assignments %>%
  count(title, consensus, wt = count) %>%
  group_by(title) %>%
  mutate(percent = n / sum(n)) %>%
  ggplot(aes(consensus, title, fill = percent)) +
  geom_tile() +
  scale_fill_gradient2(high = "red", label = percent_format()) +
  theme_minimal() +
  theme(axis.text.x = element_text(angle = 90, hjust = 1),
        panel.grid = element_blank()) +
  labs(x = "Book words were assigned to",
       y = "Book words came from",
       fill = "% of assignments")
```

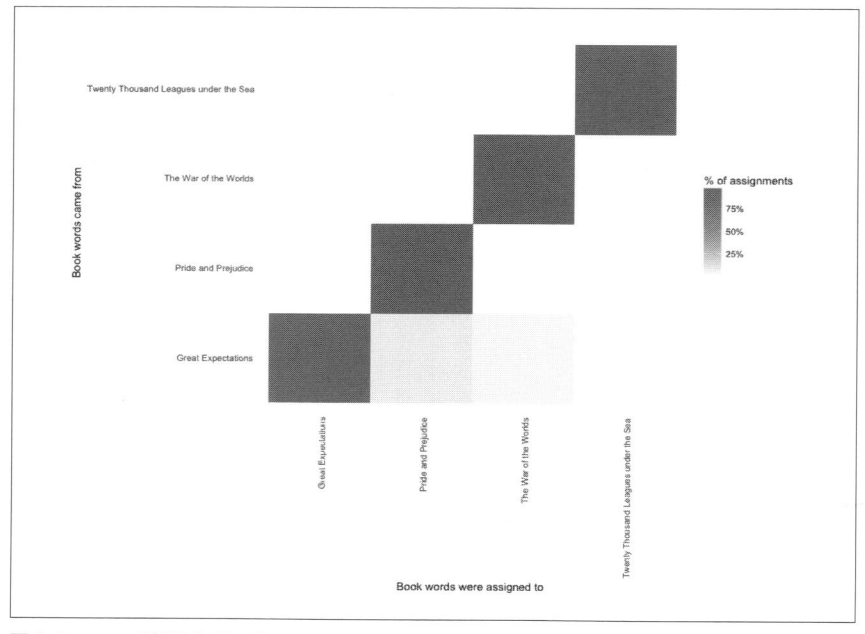

図6-6　LDAが単語をどの本のものだと判断したかを示す混同行列。表の各行は、個々の単語が属していた実際の本、各列は単語が属しているだろうと推定された本を示している。

『高慢と偏見』、『海底二万里』、『宇宙戦争』に含まれているほぼすべての本が正しく推定されているのに対し、『大いなる遺産』には推定が誤っていた単語がかなりあります（そのために、2つの章の分類ミスが発生したのです）。

では、最も分類ミスが多かった単語はどれでしょうか。

```
wrong_words <- assignments %>%
  filter(title != consensus)

wrong_words

## # A tibble: 4,617 × 6
##                         title chapter    term count .topic
##                         <chr>   <int>   <chr> <dbl>  <dbl>
## 1          Great Expectations      38 brother     2      1
## 2          Great Expectations      22 brother     4      1
## 3          Great Expectations      23    miss     2      1
```

```
## 4                     Great Expectations     22      miss    23      1
## 5   Twenty Thousand Leagues under the Sea     8      miss     1      1
## 6                     Great Expectations     31      miss     1      1
## 7                     Great Expectations      5  sergeant    37      1
## 8                     Great Expectations     46   captain     1      2
## 9                     Great Expectations     32   captain     1      2
## 10                    The War of the Worlds  17   captain     5      2
##                                 consensus
##                                     <chr>
## 1                     Pride and Prejudice
## 2                     Pride and Prejudice
## 3                     Pride and Prejudice
## 4                     Pride and Prejudice
## 5                     Pride and Prejudice
## 6                     Pride and Prejudice
## 7                     Pride and Prejudice
## 8   Twenty Thousand Leagues under the Sea
## 9   Twenty Thousand Leagues under the Sea
## 10  Twenty Thousand Leagues under the Sea
## # ... with 4,607 more rows

wrong_words %>%
  count(title, consensus, term, wt = count) %>%
  ungroup() %>%
  arrange(desc(n))

## # A tibble: 3,551 × 4
##              title          consensus      term      n
##              <chr>              <chr>     <chr> <dbl>
##  1 Great Expectations  Pride and Prejudice    love    44
##  2 Great Expectations  Pride and Prejudice sergeant   37
##  3 Great Expectations  Pride and Prejudice    lady    32
##  4 Great Expectations  Pride and Prejudice    miss    26
##  5 Great Expectations The War of the Worlds    boat    25
##  6 Great Expectations The War of the Worlds    tide    20
##  7 Great Expectations The War of the Worlds   water    20
##  8 Great Expectations  Pride and Prejudice  father    19
##  9 Great Expectations  Pride and Prejudice    baby    18
## 10 Great Expectations  Pride and Prejudice  flopson   18
## # ... with 3,541 more rows
```

実際には『大いなる遺産』に含まれていたのに、『高慢と偏見』や『宇宙戦争』に

含まれていたと推定されていた単語がかなりあることがわかります。その中でも、「love」や「lady」といった単語は、『高慢と偏見』での出現頻度の方が高いために誤分類されたものです（出現頻度を調べれば確かめることができます）。

それに対し、誤分類された小説には含まれていないのに誤分類された単語がいくつかあります。たとえば、「flopson」は『大いなる遺産』にしか含まれていないことが確かめられるのに、『高慢と偏見』クラスタに分類されています。

```
word_counts %>%
  filter(word == "flopson")

## # A tibble: 3 × 3
##                  document    word     n
##                     <chr>   <chr> <int>
## 1 Great Expectations_22 flopson    10
## 2 Great Expectations_23 flopson     7
## 3 Great Expectations_33 flopson     1
```

LDAアルゴリズムは確率的なので、複数の本に広がりを持つトピックに間違って飛び込むことがあるのです。

6.3　LDAのほかの実装

topicmodelsパッケージのLDA()関数は、LDAアルゴリズムの実装の中の1つにすぎません。たとえば、malletパッケージ（Mimno 2013、https://cran.r-project.org/package=mallet）は、Javaのテキスト分類ツールのMALLET（http://mallet.cs.umass.edu/）を包むラッパーを実装しています。tidytextパッケージは、このパッケージが出力するモデルも整理できます。

malletパッケージは、入力形式に対して独特なアプローチを取っています。たとえば、引数としてトークン化されていない文書を取り、自分でトークン化を行うほか、ストップワードファイルを別個に指定しなければなりません。そのため、LDAを実行する前に、個々の文書を1つの文字列にまとめる必要があります。

```
library(mallet)

# 章を1つの文字列にしたベクトルを作成
collapsed <- by_chapter_word %>%
  anti_join(stop_words, by = "word") %>%
```

```
mutate(word = str_replace(word, "'", "")) %>%
group_by(document) %>%
summarize(text = paste(word, collapse = " "))

# 空の「ストップワードファイル」を作成
file.create(empty_file <- tempfile())
docs <- mallet.import(collapsed$document, collapsed$text, empty_file)

mallet_model <- MalletLDA(num.topics = 4)
mallet_model$loadDocuments(docs)
mallet_model$train(100)
```

しかし、モデルができてしまえば、この章で説明している tidy() と augment() を
ほぼ同じように使うことができます。単語が各トピックに属する確率や文書が扱っ
ているトピックの確率なども計算できます。

```
# 単語 - トピックのペア
tidy(mallet_model)

# 文書 - トピックのペア
tidy(mallet_model, matrix = "gamma")

# 「augment」のために列名を「term」に変更
term_counts <- rename(word_counts, term = word)
augment(mallet_model, term_counts)
```

ggplot2を使えば、LDA() の出力と同じようにモデルを探索、可視化することがで
きます。

6.4　まとめ

この章では、一連の文書を特徴づける単語によるクラスタリングのためのトピッ
クモデリングについて説明するとともに、これらのモデルをdplyrやggplot2で探索、
可視化するためのtidy()関数の使い方を示しました。これは、整理アプローチによ
るモデル探索のメリットの1つです。整理関数で統一が取れていない出力形式の問
題を処理し、標準ツールセットで生成されたモデルを探索することができます。具
体例として、トピックモデリングが4冊の別々の本の章を分類できるところを示す
とともに、分類ミスを犯した単語や章を探し出してモデルの限界を探りました。

# 7章

ケーススタディ：
Twitterアーカイブの比較

　Twitterを通じてオンラインで共有されるテキストは、多くの人々の注目を集めているテキストタイプの1つです。実際、本書で（そして広く一般に）使われているセンチメント辞書のいくつかは、もともとツイートの分析用に作られ、ツイートでチェックされています。本書の著者は2人ともTwitterアカウントを持ち、かなり頻繁に使っています。そこで、このケーススタディでは、ジュリア（https://twitter.com/juliasilge）とデビッド（https://twitter.com/drob）のTwitterアーカイブ全体を比較してみることにします。

7.1　データの取得とツイートの時間的分布

　Twitterユーザは、TwitterのWebサイトの指示（https://support.twitter.com/articles/20170160）に従って、自分自身のTwitterアーカイブをダウンロードできます。私たちはそれぞれ自分のアーカイブをダウンロードしており、これからその特徴を広く世間に公開したいと思っています。まず、lubridateパッケージを使って文字列のタイムスタンプをdate-timeオブジェクトに変換し、全体的なツイートパターンを調べてみましょう（**図7-1**）。

```
library(lubridate)
library(ggplot2)
library(dplyr)
library(readr)

tweets_julia <- read_csv("data/tweets_julia.csv")
tweets_dave <- read_csv("data/tweets_dave.csv")
tweets <- bind_rows(tweets_julia %>%
                        mutate(person = "Julia"),
```

```
                    tweets_dave %>%
                        mutate(person = "David")) %>%
    mutate(timestamp = ymd_hms(timestamp))

ggplot(tweets, aes(x = timestamp, fill = person)) +
  geom_histogram(position = "identity", bins = 20, show.legend = FALSE) +
  facet_wrap(~person, ncol = 1)
```

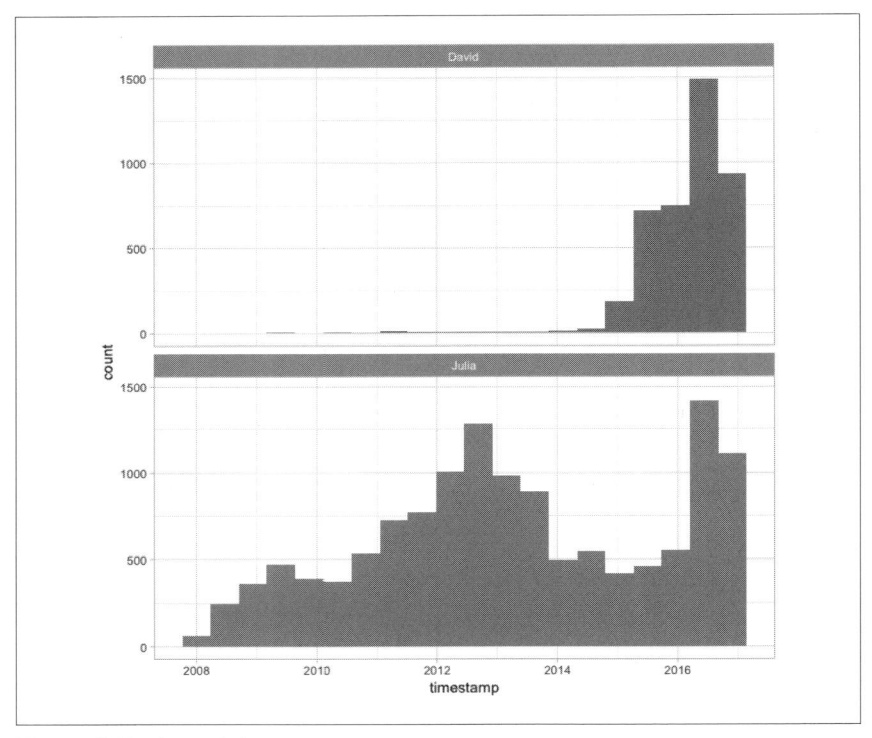

図7-1　著者2人のアカウントのツイート

　著者のデビッドもジュリアも、現在はほぼ同じペースでツイートしています。
Twitterを始めた時期は1年違いますが、デビッドには5年ほどあまりツイートして
いない時期があり、ジュリアはずっとツイートしていました。そのため、全体とし
てジュリアにはデビッドの4倍ほどのツイートがあります。

7.2　単語の出現頻度

次に、`unnest_tokens()` を使ってツイートに含まれるすべての単語を整理データフレームに変換し、英語のストップワードを取り除きましょう。Twitterのテキストには、特別な慣習があるので、たとえばProject Gutenbergの小説を処理したときよりも少し余分に操作を加えます。

まず、データセットからリツイートでしかないツイートを取り除き、自分で書いたツイートだけが残るようにします。次に、`mutate()` でリンクを取り除き、& などの文字を取り除きます。

unnest_tokens()関数では、ユニグラム（単語）を探すだけではなく、正規表現によるトークン化を行っています。この正規表現パターンは、Twitterテキストを操作するときにはとても便利で、ハッシュタグや@記号付きのユーザ名がそのまま残ります。

この種の記号をテキストに残してあるので、単純な `anti_join()` でストップワードを取り除くわけにはいきません。代わりに、stringrパッケージの `str_detect()` を使った `filter()` 行のようなことを行っています。

```
library(tidytext)
library(stringr)

replace_reg1 <- "https://t.co/[A-Za-z\\d]+|"
replace_reg2 <- "http://[A-Za-z\\d]+|&amp;|&lt;|&gt;|RT|https"
replace_reg <- paste0(replace_reg1, replace_reg2)
unnest_reg <- "([^A-Za-z_\\d#@']|'(?![A-Za-z_\\d#@]))"
tidy_tweets <- tweets %>%
  filter(!str_detect(text, "^RT")) %>%
  mutate(text = str_replace_all(text, replace_reg, "")) %>%
  unnest_tokens(word, text, token = "regex", pattern = unnest_reg) %>%
  filter(!word %in% stop_words$word,
         str_detect(word, "[a-z]"))
```

これで、個人別に出現する単語の頻度を計算できます。まず、個人別に分類し、それぞれが個々の単語を何回使用しているかを数えます。次に、`left_join()` を使ってそれぞれがその単語を使用している回数の列を追加します（ジュリアの方がデビッドよりもツイートが多いので、その分数値が大きくなっています）。最後に、

個人と単語の組み合わせごとに頻度を計算します。

```
frequency <- tidy_tweets %>%
  group_by(person) %>%
  count(word, sort = TRUE) %>%
  left_join(tidy_tweets %>%
              group_by(person) %>%
              summarise(total = n())) %>%
  mutate(freq = n/total)

frequency

## Source: local data frame [20,736 x 5]
## Groups: person [2]
##
##    person           word     n total        freq
##    <chr>          <chr> <int> <int>       <dbl>
## 1  Julia           time   584 74572 0.007831358
## 2  Julia     @selkie1970   570 74572 0.007643620
## 3  Julia        @skedman   531 74572 0.007120635
## 4  Julia            day   467 74572 0.006262404
## 5  Julia           baby   408 74572 0.005471222
## 6  David  @hadleywickham   315 20161 0.015624225
## 7  Julia           love   304 74572 0.004076597
## 8  Julia     @haleynburke   299 74572 0.004009548
## 9  Julia          house   289 74572 0.003875449
## 10 Julia        morning   278 74572 0.003727941
## # ... with 20,726 more rows
```

なかなかよい感じの整理データフレームになっていますが、個人別の出現頻度を x、y 軸としてグラフに描きたいので、tidyr の spread() を使って別の形のデータフレームにする必要があります。

```
library(tidyr)

frequency <- frequency %>%
  select(person, word, freq) %>%
  spread(person, freq) %>%
  arrange(Julia, David)

frequency
```

```
## # A tibble: 17,640 × 3
##                 word      David       Julia
##                <chr>      <dbl>       <dbl>
## 1                 's 4.960071e-05 1.340986e-05
## 2  @accidental__art 4.960071e-05 1.340986e-05
## 3        @alice_data 4.960071e-05 1.340986e-05
## 4         @alistaire 4.960071e-05 1.340986e-05
## 5       @corynissen 4.960071e-05 1.340986e-05
## 6     @jennybryan's 4.960071e-05 1.340986e-05
## 7           @jsvine 4.960071e-05 1.340986e-05
## 8    @lizasperling 4.960071e-05 1.340986e-05
## 9        @ognyanova 4.960071e-05 1.340986e-05
## 10       @rbloggers 4.960071e-05 1.340986e-05
## # ... with 17,630 more rows
```

これでグラフを描く準備ができました。geom_jitter() を使って頻度が低い単語
がむやみに表示されないようにするとともに、check_overlap = TRUE を指定してテ
キストラベルが重なり合わないようにします（一部だけが表示されます。**図7-2**参
照）。

```
library(scales)

ggplot(frequency, aes(Julia, David)) +
  geom_jitter(alpha = 0.1, size = 2.5, width = 0.25, height = 0.25) +
  geom_text(aes(label = word), check_overlap = TRUE, vjust = 1.5) +
  scale_x_log10(labels = percent_format()) +
  scale_y_log10(labels = percent_format()) +
  geom_abline(color = "red")
```

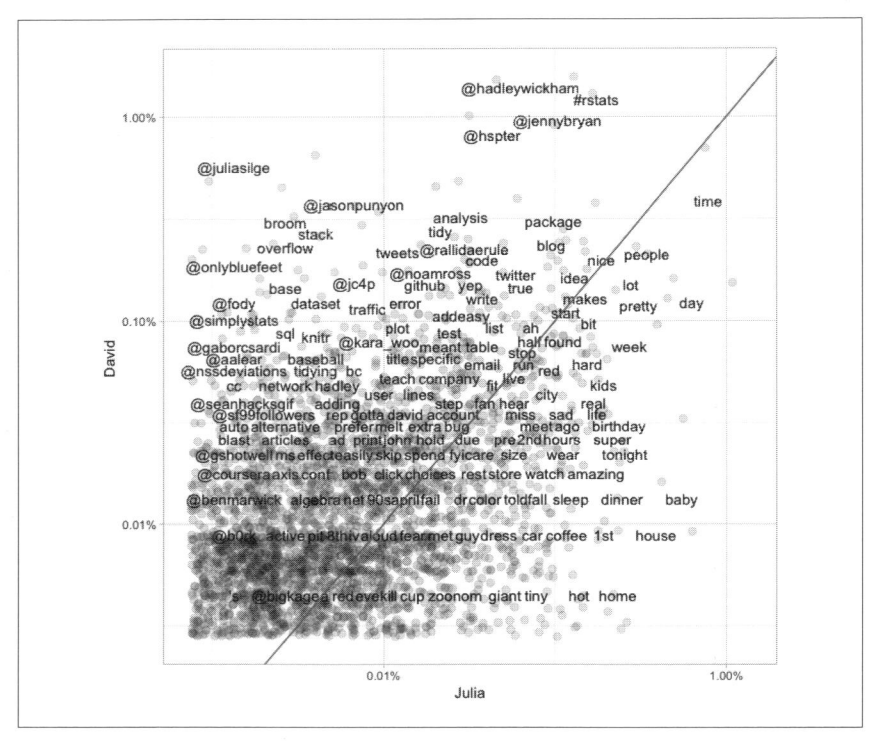

図7-2　ジュリアとデビッドが使用している単語の頻度の比較

　図7-2の斜線の近くの単語は、デビッドとジュリアがほぼ同じ頻度で使用している単語です。この線から離れた位置にある単語は、一方がもう一方よりも使用頻度が高い単語ということになります。このグラフに表示されている単語、ハッシュタグ、ユーザ名は、両者がツイートの中で少なくとも1度は使用しているものです。

　言うまでもないことですが、ここ数年のデビッドとジュリアのTwitterアカウントの使い方には違いがあります。デビッドは、Twitterをよく使うようになってからは、ほとんど仕事上の目的でツイートしているのに対し、ジュリアは2015年末まではほぼ個人的な目的でTwitterを使っており、現在でもデビッドよりも頻繁に個人的な用途で使っています。単語の出現頻度を探るこのグラフを見ても、その違いはすぐにわかります。このあとの分析でも、同様の違いがはっきりと現れます。

7.3　使用している単語の比較

　それぞれのツイート全体における単語の出現頻度をそのままの形で比較したグラフを作りましたが、今度は対数オッズ比を使ってそれぞれのアカウントで比較的よく使われる単語がどれかを調べてみましょう。まず、これからは分析対象を2016年に送られたツイートだけに制限します。2016年は、デビッドが1年を通じてTwitterをアクティブに使うようになっていた時期であり、ジュリアがキャリアをデータサイエンスに移行した時期です。

```
tidy_tweets <- tidy_tweets %>%
  filter(timestamp >= as.Date("2016-01-01"),
         timestamp < as.Date("2017-01-01"))
```

　次に、str_detect()を使ってword列からTwitterユーザ名を取り除きます。こうしないと、ジュリアかデビッドの片方が知っていてもう片方が知らない人の名前だけで結果が埋め尽くされてしまいます。ユーザ名を取り除いたあとで、それぞれが個々の単語を何回ずつ使ったかを数え、使用頻度が10回未満の単語を取り除きます。spread()操作を行ったら、次の式を使って個々の単語の対数オッズ比を計算することができます。

$$対数オッズ比 = \log \left(\frac{\left[\frac{n + 1}{総計 + 1} \right]_{デビッド}}{\left[\frac{n + 1}{総計 + 1} \right]_{ジュリア}} \right)$$

　ここで、nはそれぞれがその単語を何回使ったかを示し、total（総計）はそれぞれが使った単語の総数を示します。

```
word_ratios <- tidy_tweets %>%
  filter(!str_detect(word, "^@")) %>%
  count(word, person) %>%
  filter(sum(n) >= 10) %>%
  ungroup() %>%
  spread(person, n, fill = 0) %>%
  mutate_if(is.numeric, funs((. + 1) / sum(. + 1))) %>%
  mutate(logratio = log(David / Julia)) %>%
  arrange(desc(logratio))
```

　2016年にデビッドとジュリアが同じくらいの頻度で使用している単語はどのよう

なものでしょうか。

```
word_ratios %>%
  arrange(abs(logratio))
```

```
## # A tibble: 6,688 x 4
##           word      David       Julia    logratio
##          <chr>      <dbl>       <dbl>       <dbl>
## 1        idea 0.0012940978 0.0013262599 -0.02454915
## 2         map 0.0006189163 0.0006028454  0.02630927
## 3     science 0.0015191583 0.0015673981 -0.03126058
## 4       email 0.0005626512 0.0005425609  0.03635961
## 5        file 0.0005626512 0.0005425609  0.03635961
## 6       names 0.0010127722 0.0009645527  0.04878213
## 7     account 0.0004501210 0.0004219918  0.06453048
## 8         api 0.0004501210 0.0004219918  0.06453048
## 9    function 0.0009002419 0.0008439836  0.06453048
## 10 population 0.0004501210 0.0004219918  0.06453048
## # ... with 6,678 more rows
```

　私たちは、map、email、API、functionなどについて同じような頻度でツイートしていたようです。

　では、逆にジュリアらしい単語、デビッドらしい単語は何でしょうか。それぞれのアカウントで最も特徴的な単語の上位15個だけを取り出してグラフ化してみます（**図7-3**参照）。

```
word_ratios %>%
  group_by(logratio < 0) %>%
  top_n(15, abs(logratio)) %>%
  ungroup() %>%
  mutate(word = reorder(word, logratio)) %>%
  ggplot(aes(word, logratio, fill = logratio < 0)) +
  geom_col(show.legend = FALSE) +
  coord_flip() +
  ylab("log odds ratio (Davic/Julia)") +
  scale_fill_discrete(name = "", labels = c("David", "Julia"))
```

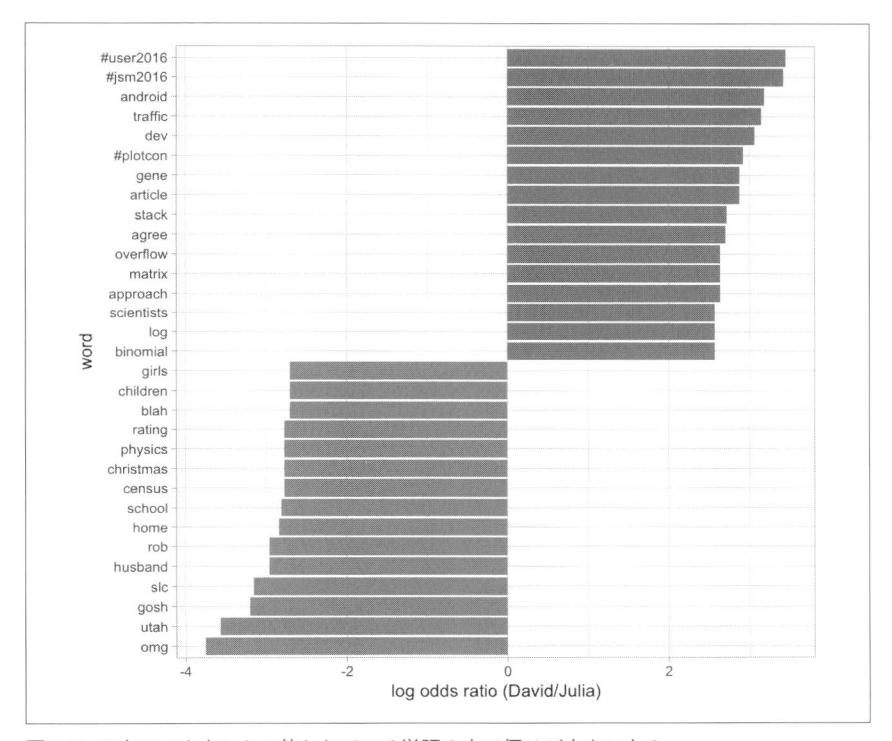

図7-3 ２人のアカウントで使われている単語の中で偏りが大きいもの

　デビッドは自分が参加したカンファレンス、遺伝子（gene）、Stack Overflow、行列（matrix）についてツイートしているのに対し、ジュリアはユタ、物理学、国勢調査データ、クリスマス、家族についてツイートしていることがわかります。

7.4　使用している単語の変化

　前節では使った言葉全体を見ていましたが、この節では問題の立て方を変えてみましょう。私たちがTwitterで使った単語の中で最も短期間で頻度が変わったものはどれでしょうか。つまり、時間の経過とともに使用頻度が高くなったり低くなったりした単語はどれかということです。そのために、ツイートが投稿された時期を示す新しい時間変数を定義してデータフレームに追加することにします。選んだ単位時間を引数としてlubridateの`floor_date()`を呼び出せば、そのような変数を作ることができます。

　時間ビンを定義したら、それぞれが時間ビンごとに個々の単語を何回使用しているかを数えます。次に、その値を示す列とそれぞれがその単語を合計で何回使ったかを示す列をデータフレームに追加します。そして、使用頻度が何らかの最小値（この場合は30）に至らない単語を filter() で取り除きます。

```
words_by_time <- tidy_tweets %>%
  filter(!str_detect(word, "^@")) %>%
  mutate(time_floor = floor_date(timestamp, unit = "1 month")) %>%
  count(time_floor, person, word) %>%
  ungroup() %>%
  group_by(person, time_floor) %>%
  mutate(time_total = sum(n)) %>%
  group_by(word) %>%
  mutate(word_total = sum(n)) %>%
  ungroup() %>%
  rename(count = n) %>%
  filter(word_total > 30)

words_by_time

## # A tibble: 970 × 6
##    time_floor person    word count time_total word_total
##        <dttm> <chr>    <chr> <int>      <int>      <int>
## 1  2016-01-01 David   #rstats     2        307        324
## 2  2016-01-01 David       bad     1        307         33
## 3  2016-01-01 David       bit     2        307         45
## 4  2016-01-01 David      blog     1        307         60
## 5  2016-01-01 David     broom     2        307         41
## 6  2016-01-01 David      call     2        307         31
## 7  2016-01-01 David     check     1        307         42
## 8  2016-01-01 David      code     3        307         49
## 9  2016-01-01 David      data     2        307        276
## 10 2016-01-01 David       day     2        307         65
## # ... with 960 more rows
```

　このデータフレームの各行は与えられた時間ビンで1人が1つの単語を使った回数を表します。count列は、その人がその時間ビンにその単語を使った回数を示します。それに対し、time_total列はその人がその時間ビンに使った語数を示し、word_totalはその人が1年にその単語を何回使ったかを示します。このデータセットを使ってモデリングをします。

tidyrのnest()を使えば、単語ごとに小さなデータフレームの列を含むデータフレームを作ることができます。それを行って、結果を調べてみましょう。

```
nested_data <- words_by_time %>%
  nest(-word, -person)

nested_data

## # A tibble: 112 × 3
##    person  word          data
##    <chr>   <chr>         <list>
##  1 David   #rstats  <tibble [12 × 4]>
##  2 David   bad      <tibble [9 × 4]>
##  3 David   bit      <tibble [10 × 4]>
##  4 David   blog     <tibble [12 × 4]>
##  5 David   broom    <tibble [10 × 4]>
##  6 David   call     <tibble [9 × 4]>
##  7 David   check    <tibble [12 × 4]>
##  8 David   code     <tibble [10 × 4]>
##  9 David   data     <tibble [12 × 4]>
## 10 David   day      <tibble [8 × 4]>
## # ... with 102 more rows
```

このデータフレームは、人と単語の組み合わせごとに1行を使っています。data列は、人と単語の組み合わせごとに1つのデータフレームを格納しています。purrライブラリのmap()を使って、大きなデータフレームに含まれている小さなデータフレームの1つ1つに対してモデリングの処理を行いましょう。これは頻度データなので、モデリングにはfamily = "binomial"を指定したglm()を使うことにします。

```
library(purrr)

nested_models <- nested_data %>%
  mutate(models = map(data, ~ glm(cbind(count, time_total) ~ time_floor, .,
                                  family = "binomial")))

nested_models

## # A tibble: 112 × 4
##    person  word          data    models
##    <chr>   <chr>         <list>  <list>
```

```
## 1    David #rstats <tibble [12 × 4]> <S3: glm>
## 2    David     bad  <tibble [9 × 4]> <S3: glm>
## 3    David     bit <tibble [10 × 4]> <S3: glm>
## 4    David    blog <tibble [12 × 4]> <S3: glm>
## 5    David   broom <tibble [10 × 4]> <S3: glm>
## 6    David    call  <tibble [9 × 4]> <S3: glm>
## 7    David   check <tibble [12 × 4]> <S3: glm>
## 8    David    code <tibble [10 × 4]> <S3: glm>
## 9    David    data <tibble [12 × 4]> <S3: glm>
## 10   David     day  <tibble [8 × 4]> <S3: glm>
## # ... with 102 more rows
```

このモデリング処理は、「この単語はその時間ビンの中で使われていますか？ イエスですかノーですか？ 単語の使用頻度は時間ビンによって大きく異なりますか？」という問いに答えるものだと考えることができます。

　作ったモデルの列が新しく追加されています。これもリスト列で、glm オブジェクトを格納しています。次は、broom パッケージの map() と tidy() を使って、個々のモデルの傾きを取り出し、重要なものを探し出します。ここでは統計的に有意ではないものも含む多数の傾きを比較するので、比較の p 値を調整しましょう。

```
library(broom)

slopes <- nested_models %>%
  unnest(map(models, tidy)) %>%
  filter(term == "time_floor") %>%
  mutate(adjusted.p.value = p.adjust(p.value))
```

　そして最も重要な傾斜を探し出します。2 人のツイートの中で使用頻度がかなり大きく変化した単語はどれでしょうか。

```
top_slopes <- slopes %>%
  filter(adjusted.p.value < 0.1) %>%
  select(-statistic, -p.value)

top_slopes

## # A tibble: 6 × 8
##   person    word      term      estimate    std.error adjusted.p.value
```

```
##     <chr>    <chr>     <chr>        <dbl>          <dbl>              <dbl>
## 1 David    ggplot2 time_floor -8.262540e-08 1.969448e-08      2.996837e-03
## 2 Julia    #rstats time_floor -4.496395e-08 1.119780e-08      6.467858e-03
## 3 Julia       post time_floor -4.818545e-08 1.454440e-08      9.784245e-02
## 4 Julia       read time_floor -9.327168e-08 2.542485e-08      2.634712e-02
## 5 David      stack time_floor  8.041202e-08 2.193375e-08      2.634841e-02
## 6 David #user2016 time_floor -8.175896e-07 1.550152e-07      1.479603e-05
```

　この結果を可視化するために、デビッドとジュリアのそれぞれについて、この年のツイートでこれらの単語の使用頻度がどのように変わったかをプロットしてみましょう。

```
words_by_time %>%
    inner_join(top_slopes, by = c("word", "person")) %>%
    filter(person == "David") %>%
    ggplot(aes(time_floor, count/time_total, color = word, lty = word)) +
    geom_line(size = 1.3) +
    labs(x = NULL, y = "Word frequency")
```

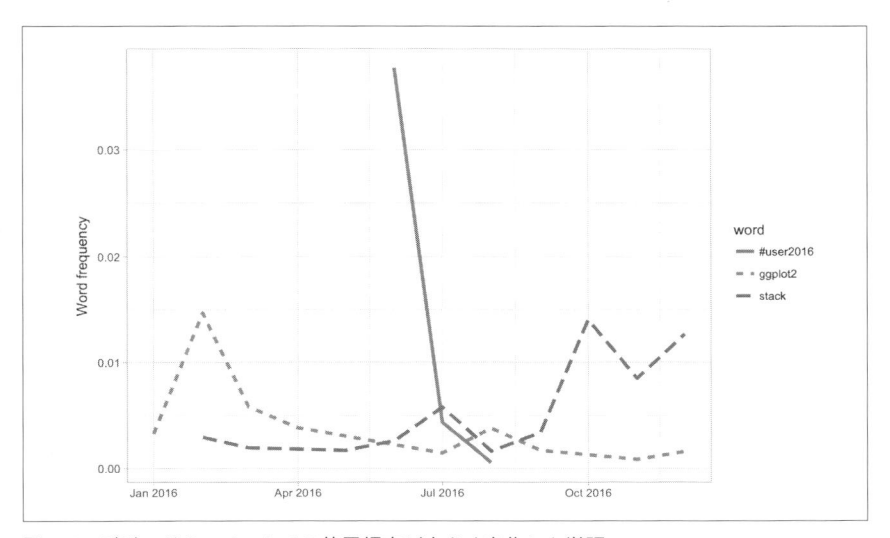

図7-4　デビッドのツイートでの使用頻度が大きく変化した単語

　図7-4から、デビッドはUseRカンファレンスに参加している間はそれについて多数のツイートをしているのに、その後急激にその種のツイートが減っていることが

わかります。また、年末に向かって Stack Overflow についてのツイートは増えているのに対し、ggplot2 についてのツイートは減っています（http://bit.ly/2qXj5aI）。

　次に、ジュリアのツイートで使用頻度に変化のある単語をプロットしてみましょう。

```
words_by_time %>%
  inner_join(top_slopes, by = c("word", "person")) %>%
  filter(person == "Julia") %>%
  ggplot(aes(time_floor, count/time_total, color = word, lty = word)) +
  geom_line(size = 1.3) +
  labs(x = NULL, y = "Word frequency")
```

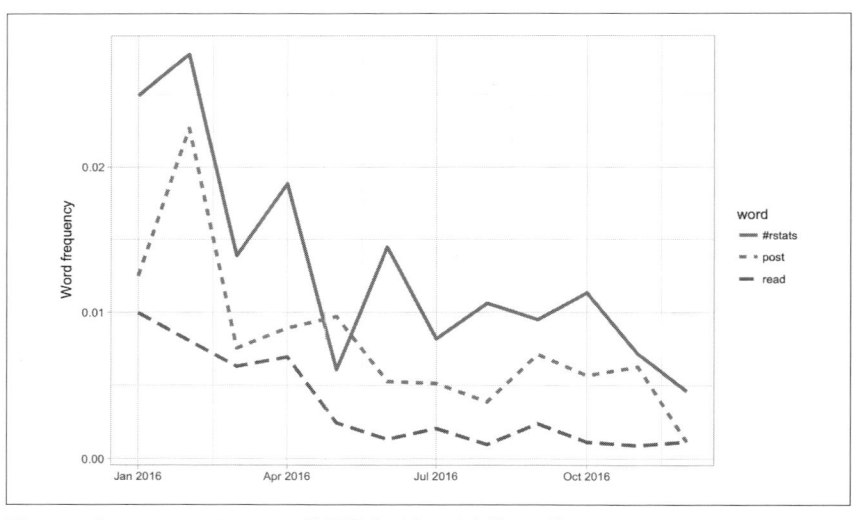

図7-5　ジュリアのツイートでの使用頻度が大きく変化した単語

　ジュリアの場合、大きな変化が見られたものはどれも下降の傾向を示しています。彼女は特定の単語を高い割合で使うことが少なく、さまざまな単語を同じくらいの頻度で使用していることがわかります。この年の始めの時期の彼女のツイートには、このプロットに示した単語が比較的高い割合で含まれていました。彼女が新しいブログ投稿を PR するときに使うハッシュタグ #rstats と単語「post」は使用頻度が下がり、読書についてのツイートも減っています。

7.5 いいねとリツイート

　ツイートでは、「いいね」が何個付き、リツイートが何回行われたかも重要な情報です。ジュリアとデビッドのツイートで、どの単語が含まれていると、リツイートやいいねが増える傾向があるかを探ってみましょう。Twitterアーカイブをダウンロードしても、いいねやリツイートについての情報は含まれていないので、この情報が含まれている別のデータセットを作ります。ここではまずTwitter APIを使って自分のツイートにアクセスし、3,200個ほどのツイートをダウンロードしました。どちらの場合も、これは最近18か月分のツイートにあたります。これは、どちらにとっても、Twitterでの活動が増え、フォロワー数が増えた時期です。

```
tweets_julia <- read_csv("data/juliasilge_tweets.csv")
tweets_dave <- read_csv("data/drob_tweets.csv")
tweets <- bind_rows(tweets_julia %>%
                        mutate(person = "Julia"),
                    tweets_dave %>%
                        mutate(person = "David")) %>%
    mutate(created_at = ymd_hms(created_at))
```

　最近のツイートだけを集めた第2の小さなデータセットが得られたので、unnest_tokens()を使ってツイートを整理データセットに変換しましょう。このデータセットからリツイートと応答を取り除き、デビッドとジュリアが直接投稿した通常のツイートだけを対象とすることにします。

```
tidy_tweets <- tweets %>%
    filter(!str_detect(text, "^(RT|@)")) %>%
    mutate(text = str_replace_all(text, replace_reg, "")) %>%
    unnest_tokens(word, text, token = "regex", pattern = unnest_reg) %>%
    anti_join(stop_words)

tidy_tweets

## # A tibble: 11,078 × 7
##            id         created_at retweets favorites person      word
##         <dbl>             <dttm>    <int>     <int>  <chr>     <chr>
## 1 8.044026e+17 2016-12-01 19:11:43        1        15  David     worry
## 2 8.043967e+17 2016-12-01 18:48:07        4         6  David       j's
## 3 8.043611e+17 2016-12-01 16:26:39        8        12  David bangalore
## 4 8.043611e+17 2016-12-01 16:26:39        8        12  David    london
```

```
## 5   8.043611e+17 2016-12-01 16:26:39        8        12  David developers
## 6   8.041571e+17 2016-12-01 02:56:10        0        11  Julia management
## 7   8.041571e+17 2016-12-01 02:56:10        0        11  Julia      julie
## 8   8.040582e+17 2016-11-30 20:23:14       30        41  David         sf
## 9   8.040324e+17 2016-11-30 18:40:27        0        17  Julia     zipped
## 10  8.040324e+17 2016-11-30 18:40:27        0        17  Julia         gb
## # ... with 11,068 more rows
```

　まず、個々のツイートのリツイート回数を調べてみましょう。それぞれについて、リツイート数の合計を調べてみましょう。

```
totals %>%
  group_by(person, id) %>%
  summarise(rts = sum(retweets)) %>%
  group_by(person) %>%
  summarise(total_rts = sum(rts))

totals

## # A tibble: 2 × 2
##   person total_rts
##    <chr>     <int>
## 1  David    110171
## 2  Julia     12701
```

　単語と人の組み合わせごとに、リツイート数の中央値[*1]を調べましょう。個々のツイートと単語の組み合わせは1度ずつ数えたいので、group_by() と summarise() の組み合わせを2回連続して使います。最初の summarize() 文は、ツイート、単語、人の組み合わせごとにリツイート数を数え、第2の summarize() 文は人と単語の組み合わせごとに中央値を調べてそれを retweets に保存し、人ごとに個々の単語が使われた回数を数えてそれを uses に保存します。次に、これにリツイート合計のデータフレームを結合します。最後に、filter() を使って、少なくとも5回以上使われている単語だけを残します。

```
word_by_rts <- tidy_tweets %>%
  group_by(id, word, person) %>%
  summarise(rts = first(retweets)) %>%
  group_by(person, word) %>%
```

[*1]　訳注：リツイート数については、極端に多い数などの影響がないように中央値で調べています。

```
summarise(retweets = median(rts), uses = n()) %>%
left_join(totals) %>%
filter(retweets != 0) %>%
ungroup()

word_by_rts %>%
  filter(uses >= 5) %>%
  arrange(desc(retweets))

## # A tibble: 178 × 5
##    person            word retweets  uses total_rts
##    <chr>            <chr>    <dbl> <int>     <int>
## 1  David        animation     85.0     5    110171
## 2  David         download     52.0     5    110171
## 3  David            start     51.0     7    110171
## 4  Julia         tidytext     50.0     7     12701
## 5  David        gganimate     45.0     8    110171
## 6  David      introducing     45.0     6    110171
## 7  David    understanding     37.0     6    110171
## 8  David                0     35.0     7    110171
## 9  David            error     34.5     8    110171
## 10 David         bayesian     34.0     7    110171
## # ... with 168 more rows
```

このソート済みデータフレームの上の方には、gutenbergr (https://cran.r-project.org/package=gutenbergr)、gganimate (https://github.com/dgrtwo/gganimate)、tidytext (https://cran.r-project.org/package=tidytext) など、ジュリアとデビッドが開発に関わっているパッケージについてのツイートが含まれていることがわかります。それぞれのアカウントでリツイートの中央値が最も高い単語をプロットしてみましょう。

```
word_by_rts %>%
  filter(uses >= 5) %>%
  group_by(person) %>%
  top_n(10, retweets) %>%
  arrange(retweets) %>%
  ungroup() %>%
  mutate(word = factor(word, unique(word))) %>%
  ungroup() %>%
  ggplot(aes(word, retweets, fill = person)) +
  geom_col(show.legend = FALSE) +
```

```
facet_wrap(~ person, scales = "free", ncol = 2) +
coord_flip() +
labs(x = NULL,
     y = "Median # of retweets for tweets containing each word")
```

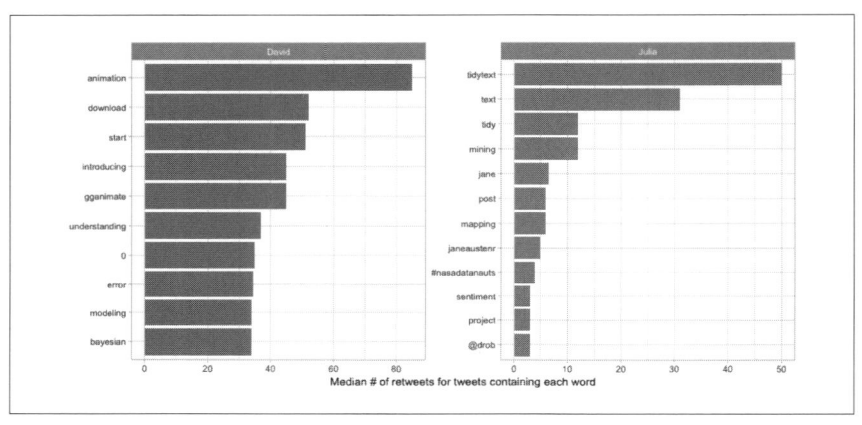

図7-6　リツイートの中央値が最も高い単語

　tidytextをはじめとするRパッケージについての単語が多数登場しています。デビッドの方に現れる「0」は、「broom 0.4.0」（http://bit.ly/2qagcDI）など、パッケージのバージョン番号に言及しているツイートから拾い出されたものです。

　同じようにして、「いいね」が多い単語も探し出すことができます。リツイートが多い単語との間に違いはあるでしょうか。まず、データフレームを作成します。

```
totals <- tidy_tweets %>%
  group_by(person, id) %>%
  summarise(favs = sum(favorites)) %>%
  group_by(person) %>%
  summarise(total_favs = sum(favs))

word_by_favs <- tidy_tweets %>%
  group_by(id, word, person) %>%
  summarise(favs = first(favorites)) %>%
  group_by(person, word) %>%
  summarise(favorites = median(favs), uses = n()) %>%
  left_join(totals) %>%
  filter(favorites != 0) %>%
  ungroup()
```

これで必要なデータフレームが作成できました。次のコードでこれをプロットしてみましょう。**図7-7**のようになります。

```
word_by_favs %>%
    filter(uses >= 5) %>%
    group_by(person) %>%
    top_n(10, favorites) %>%
    arrange(favorites) %>%
    ungroup() %>%
    mutate(word = factor(word, unique(word))) %>%
    ungroup() %>%
    ggplot(aes(word, favorites, fill = person)) +
    geom_col(show.legend = FALSE) +
    facet_wrap(~ person, scales = "free", ncol = 2) +
    coord_flip() +
    labs(x = NULL,
         y = "Median # of favorites for tweets containing each word")
```

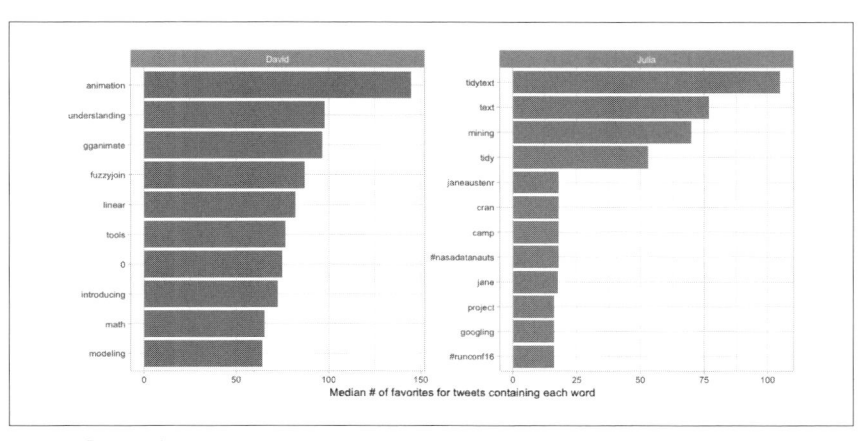

図7-7 「いいね」の中央値が最も高い単語

図7-6と**図7-7**の間には、特にリストの下位の方で若干の違いがありますが、基本的にはリツイートと同じような単語が並んでいると言えるでしょう。一般に、リツイートを呼ぶ単語は「いいね」も呼びます。両方のプロットのジュリアの単語で特に目立つのは、彼女が参加しているNASA Datanautsプログラムのハッシュタグです。第8章では、NASAデータの詳細について、またとNASAデータセットのテキスト分析から学べることについて説明します。

7.6　まとめ

　この章は、本書で最初のケーススタディの章でした。実際に分析を最初から最後まで進めてみて、これまでに説明した考え方とコードを組み合わせてテキストデータセットを理解するためにはどうすればよいのかを示しました。単語の出現頻度の比較からは、私たちがツイートで頻繁に使う単語が明らかになり、対数オッズ比からは、2人のうちどちらのツイートであるかを、単語からある程度見分けられるようになりました。nest()、map()とglm()の組み合わせからは、時間の経過とともにツイートにおける出現頻度が大きく変化した単語を探すことができました。最後に、どのような単語が含まれているツイートがリツイート、「いいね」を多く集めるかもわかりました。これらはどれも、2人の言葉の使い方がどれくらい似ているか、あるいは違っているかを知り、ツイートの特徴がどのように変化しているか、ツイート相互を比較するとどうなるかを知るための方法の例です。これらはテキストマイニングに対する柔軟性の高いアプローチであり、ほかの種類のテキストにも応用できます。

# 8章

ケーススタディ：
NASAメタデータのマイニング

　NASA（https://www.nasa.gov/）がホスティングし、保守しているデータセットは32,000以上あります。これらのデータセットは、地球科学、宇宙工学、NASA自体の運営など多岐にわたります。これらのデータセットのメタデータを使えば、データセット相互の結び付きを理解できます。

メタデータとは何なのでしょうか。メタデータとは、ほかのデータについての情報を与えてくれるデータのことです。この場合、メタデータは、膨大なNASAのデータセットに何が含まれているかを教えてくれるデータであり、データセット自体の中身は含みません。

　メタデータには、データセットのタイトル、簡単な説明、そのデータセットに対して責任を負うNASAの部署、人間がデータセットに付けたキーワードといったものが含まれます。NASAは、データを公開し、アクセス可能にすることに高い優先順位を置いており、NASAが資金提供する研究には、自由にアクセスできるようにすることを義務付けてさえいます（https://www.nasa.gov/press-release/nasa-unveils-new-public-web-portal-for-research-results）。すべてのデータセットのメタデータはJSON形式で、自由にアクセスできます（https://data.nasa.gov/data.json）。

　この章では、NASAメタデータをテキストデータセットとして扱い、この現実のテキストに対して整理テキストのテクニックを応用する方法を示します。単語の共起と相関、tf-idf、トピックモデリングを使って、データセット相互のつながりを探っていきます。相互に関係するデータセットを探し出すことができるでしょうか。同じようなデータセットのクラスタはあるでしょうか。NASAデータセットには複数のテキストフィールドが含まれており（特に重要なのは、タイトル、説明、キーワー

ドフィールド）、フィールドの相互関係を探っていけば、NASAが管理するデータの複雑な世界の理解を深めることができます。この種のアプローチは、テキストを扱うあらゆる分野に応用できます。それでは、このメタデータをまず実際に確認してみましょう[*1]。

8.1　NASAのデータの整理方法

まず、JSONファイルをダウンロードし、メタデータに格納されているもの内容を確認してみましょう[*2]。

```
library(jsonlite)
metadata <- fromJSON("https://data.nasa.gov/data.json")
names(metadata$dataset)

## [1] "_id"               "@type"           "accessLevel"
## [4] "accrualPeriodicity" "bureauCode"      "contactPoint"
## [7] "description"        "distribution"    "identifier"
## [10] "issued"            "keyword"         "landingPage"
## [13] "language"          "modified"        "programCode"
## [16] "publisher"         "spatial"         "temporal"
## [19] "theme"             "title"           "license"
## [22] "isPartOf"          "references"      "rights"
## [25] "describedBy"
```

この情報から、個々のデータセットを誰が公開しているかから、それらがどのようなライセンスのもとでリリースされているかまで、多くのことがわかります。

データセットの相互関係を知るためには、タイトル（title）、説明（description）、キーワード（keyword）フィールドが最も有効であるように思われます。これらのフィールドをチェックしてみましょう。

```
class(metadata$dataset$title)

## [1] "character"
```

[*1]　訳注：本書のデータは2017年1月現在のものです。現時点でNASAのサイトは更新されていますので、実行すると本書と出力がかなり異なることがあります。

[*2]　訳注：データが大きいので、読者の環境によっては読み込みや処理に少し時間がかかるかもしれません。

```
class(metadata$dataset$description)

## [1] "character"

class(metadata$dataset$keyword)

## [1] "list"
```

タイトルと説明は文字ベクトルとして格納されていますが、キーワードは文字ベクトルのリストとして格納されていることがわかります。

8.1.1　データラングリングと整理

タイトル、説明文、キーワード用の整理データフレームを設定し、個々のデータセットのIDも残して、今後の分析で必要になった際に、それらを組み合わせられるようにしましょう。

```
library(dplyr)

nasa_title <- data_frame(id = metadata$dataset$`_id`$`$oid`,
                         title = metadata$dataset$title)
nasa_title

## # A tibble: 32,089 × 2
##                           id                                          title
##                        <chr>                                          <chr>
## 1  55942a57c63a7fe59b495a77              15 Minute Stream Flow Data: USGS (FIFE
## 2  55942a57c63a7fe59b495a78              15 Minute Stream Flow Data: USGS (FIFE
## 3  55942a58c63a7fe59b495a79              15 Minute Stream Flow Data: USGS (FIFE
## 4  55942a58c63a7fe59b495a7a 2000 Pilot Environmental Sustainability Index (ESI
## 5  55942a58c63a7fe59b495a7b 2000 Pilot Environmental Sustainability Index (ESI
## 6  55942a58c63a7fe59b495a7c 2000 Pilot Environmental Sustainability Index (ESI
## 7  55942a58c63a7fe59b495a7d        2001 Environmental Sustainability Index (ESI
## 8  55942a58c63a7fe59b495a7e        2001 Environmental Sustainability Index (ESI
## 9  55942a58c63a7fe59b495a7f        2001 Environmental Sustainability Index (ESI
## 10 55942a58c63a7fe59b495a80        2001 Environmental Sustainability Index (ESI
## # ... with 32,079 more rows
```

これらはこれから探るデータセットのタイトルのごく一部です。ここで使用しているのはNASAで付けたIDです。また、同じタイトルを持つ異なるデータセットが複数含まれていることに注意してください。

```
nasa_desc <- data_frame(id = metadata$dataset$`_id`$`$oid`,
                        desc = metadata$dataset$description)

nasa_desc %>%
  select(desc) %>%
  sample_n(5)

## # A tibble: 5 × 1
##
##
## 1 MODIS (or Moderate Resolution Imaging Spectroradiometer) is a key instrument
## 2                          Fatigue Countermeasures: A Meta-Ana
## 3  Mobile communications systems require programmable embedded platforms that
## 4  The Doppler Aerosol WiNd (DAWN), a pulsed lidar, operated aboard a NASA DC-
## 5 MODIS (or Moderate Resolution Imaging Spectroradiometer) is a key instrument
```

ここに示したのは一部のメタデータの説明フィールドの先頭部分です。

これから、キーワードのための整理データフレームを作ります。キーワード
フィールドはリストなので、tidyrの unnest() が必要になります。

```
library(tidyr)

nasa_keyword <- data_frame(id = metadata$dataset$`_id`$`$oid`,
                           keyword = metadata$dataset$keyword) %>%
  unnest(keyword)

nasa_keyword

## # A tibble: 176,432 x 2
##                        id                keyword
##                     <chr>                  <chr>
##  1 55942a57c63a7fe59b495a78       EARTH SCIENCE
##  2 55942a57c63a7fe59b495a78          HYDROSPHERE
##  3 55942a57c63a7fe59b495a78        SURFACE WATER
##  4 55942a58c63a7fe59b495a79       EARTH SCIENCE
##  5 55942a58c63a7fe59b495a79          HYDROSPHERE
##  6 55942a58c63a7fe59b495a79        SURFACE WATER
##  7 55942a58c63a7fe59b495a7b       EARTH SCIENCE
##  8 55942a58c63a7fe59b495a7b           ATMOSPHERE
##  9 55942a58c63a7fe59b495a7b           AIR QUALITY
## 10 55942a58c63a7fe59b495a7b ATMOSPHERIC CHEMISTRY
# ... with 176,422 more rows
```

　1行1キーワードになっているので、これは整理データフレームの条件に当てはまります。データセットには複数のキーワードを指定できるため、データセットごとに複数の行を持つことになります。

　次に、tidytextのunnest_tokens()を使ってタイトルと説明を整理テキスト化するとともに、タイトルと説明からストップワードを取り除きます。しかし、キーワードからはストップワードを取り除きません。キーワードは「RADIATION CLIMATE」（放射気候）、「INDICATORS」（測定器）のような人間が割り当てた短い言葉ばかりだからです。

```
library(tidytext)

nasa_title <- nasa_title %>%
  unnest_tokens(word, title) %>%
  anti_join(stop_words)

nasa_desc <- nasa_desc %>%
  unnest_tokens(word, desc) %>%
  anti_join(stop_words)
```

　これですべてが本書で扱ってきた1行1トークン（この場合は単語）の整理テキスト形式になりました。分析に入る前にデータをもう一度確認しましょう。

```
nasa_title

## # A tibble: 269,501 x 2
##                            id    word
##                         <chr>   <chr>
## 1  55942a57c63a7fe59b495a78      15
## 2  55942a57c63a7fe59b495a78  minute
## 3  55942a57c63a7fe59b495a78  stream
## 4  55942a57c63a7fe59b495a78    flow
## 5  55942a57c63a7fe59b495a78    data
## 6  55942a57c63a7fe59b495a78    usgs
## 7  55942a57c63a7fe59b495a78    fife
## 8  55942a58c63a7fe59b495a79      15
## 9  55942a58c63a7fe59b495a79  minute
## 10 55942a58c63a7fe59b495a79  stream
## # ... with 269,491 more rows

nasa_desc
```

```
## # A tibble: 3,205,233 x 2
##                          id    word
##                       <chr>   <chr>
##  1 55942a57c63a7fe59b495a78    usgs
##  2 55942a57c63a7fe59b495a78      15
##  3 55942a57c63a7fe59b495a78  minute
##  4 55942a57c63a7fe59b495a78  stream
##  5 55942a57c63a7fe59b495a78    flow
##  6 55942a57c63a7fe59b495a78    data
##  7 55942a57c63a7fe59b495a78   kings
##  8 55942a57c63a7fe59b495a78   creek
##  9 55942a57c63a7fe59b495a78   konza
## 10 55942a57c63a7fe59b495a78 prairie
## # ... with 3,205,223 more rows
```

8.1.2　初歩的な探索

　NASA データセットのタイトルで最もよく使われている単語は何でしょうか。
dplyr の count() を使って調べることができます。

```
nasa_title %>%
  count(word, sort = TRUE)
```

```
## # A tibble: 15,723 x 2
##       word     n
##      <chr> <int>
##  1 project  7746
##  2    data  4490
##  3       1  4053
##  4   level  2780
##  5  global  2286
##  6       2  1941
##  7   daily  1752
##  8       3  1749
##  9    v1.0  1748
## 10      v1  1639
## # ... with 15,713 more rows
```

　説明文でもっともよく使われている単語は、次のように調べます。

```
nasa_desc %>%
  count(word, sort = TRUE)

## # A tibble: 42,308 x 2
##            word     n
##           <chr> <int>
## 1          data 89012
## 2         modis 27372
## 3        global 25409
## 4             2 20542
## 5       product 19648
## 6             1 18979
## 7        system 18403
## 8    resolution 16990
## 9       surface 16461
## 10        earth 15988
## # ... with 42,298 more rows
```

　NASAデータセットのタイトルや説明文では、「data」、「global」といった単語が非常によく使われていることがわかります。分析によっては、このデータセットの数字や「v1.0」などの単語を取り除いた方がよいかもしれません。これらは、ほとんどの人にとってあまり意味がないからです。

　ストップワードとして取り除きたい単語がある場合は、カスタムストップワードリストを作り、tidytextパッケージに含まれているデフォルトストップワードを取り除いたときと同じようにanti_join()を実行します。この方法は多くの場面で使えるので、覚えておくとよいでしょう。

```
my_stopwords <- data_frame(word = c(as.character(1:10),
                                    "v1.0", "v03", "l2", "l3", "l4", "v5.2.0",
                                    "v003", "v004", "v005", "v006", "v7"))
nasa_title <- nasa_title %>%
  anti_join(my_stopwords)
nasa_desc <- nasa_desc %>%
  anti_join(my_stopwords)
```

　では、最も多いキーワードは何でしょうか。

```
nasa_keyword %>%
  group_by(keyword) %>%
  count(sort = TRUE)
```

```
## # A tibble: 6,225 x 2
## # Groups:   keyword [6,225]
##                           keyword     n
##                             <chr> <int>
## 1              EARTH SCIENCE 17896
## 2                 ATMOSPHERE  8463
## 3                     Oceans  7907
## 4                    Project  7452
## 5               Ocean Optics  7438
## 6                Ocean Color  7310
## 7 National Geospatial Data Asset  6681
## 8                       NGDA  6681
## 9                  completed  6452
## 10    ATMOSPHERIC WATER VAPOR  3569
## # ... with 6,215 more rows
```

「OCEANS」と「Oceans」のような重複を取り除くために、すべてのキーワードを
小文字か大文字に統一した方がよいでしょう。次のように行います。

```
nasa_keyword <- nasa_keyword %>%
  mutate(keyword = toupper(keyword))
```

8.2　単語の共起と相関

次のステップでは、第4章で説明したように、NASAデータセットのタイトル、
説明、キーワードで頻繁に共起する単語を調べてみましょう。次に、これらのフィー
ルドのワードネットワークを調べます。この分析は、たとえばどのデータセットが
相互に関連し合っているのかを知ることができます。

8.2.1　タイトルと説明文のワードネットワーク

widyrパッケージのpairwise_count()を使えば、タイトル、説明フィールドでど
の単語のペアが何回共起しているかを数えることができます。

```
library(widyr)

title_word_pairs <- nasa_title %>%
  pairwise_count(word, id, sort = TRUE, upper = FALSE)

title_word_pairs
```

```
## # A tibble: 29,147,694 x 3
##      item1   item2     n
##      <chr>   <chr>  <dbl>
## 1  system project    797
## 2    airs    aqua    642
## 3   level    aqua    624
## 4   level    airs    613
## 5    aura     omi    604
## 6 project   space    545
## 7  global   daily    515
## 8     mls    aura    514
## 9  global    grid    510
## 10  based project    469
## # ... with 29,147,684 more rows
```

この出力は、タイトルフィールドで最も頻繁に共起が起こる単語のペアです。こ
れらの単語の一部は明らかにNASAの内部で使われている略語ですが、「project」と
「system」のような単語がいかに頻繁に共起しているかがよくわかります。

```
desc_word_pairs <- nasa_desc %>%
  pairwise_count(word, id, sort = TRUE, upper = FALSE)

desc_word_pairs
```

```
## # A tibble: 223,691,943 x 3
##        item1      item2     n
##        <chr>      <chr> <dbl>
## 1       data     global  9565
## 2       data resolution  9096
## 3 instrument resolution  8177
## 4     global resolution  8052
## 5       data    surface  7951
## 6       data instrument  7912
## 7       data     system  7683
## 8 resolution      bands  7548
## 9      orbit resolution  7458
## 10      data      orbit  7400
## # ... with 223,691,933 more rows
```

今度は、説明フィールドでよく共起が起こる単語のペアです。説明フィールドで
は、単語「data」が非常によく使われています。NASAのデータセットにはデータ不

足はありません。

　これらの共起する単語のネットワークを描いてみましょう。そうすれば、単語の関係がもっとよくわかります（**図8-1**参照）。ここでも、ネットワークの可視化には ggrah パッケージを使います。

```
library(ggplot2)
library(igraph)
library(ggraph)

set.seed(1234)
title_word_pairs %>%
  filter(n >= 250) %>%
  graph_from_data_frame() %>%
  ggraph(layout = "fr") +
  geom_edge_link(aes(edge_alpha = n, edge_width = n), edge_colour = "cyan4") +
  geom_node_point(size = 5) +
  geom_node_text(aes(label = name), repel = TRUE,
                 point.padding = unit(0.2, "lines")) +
  theme_void()
```

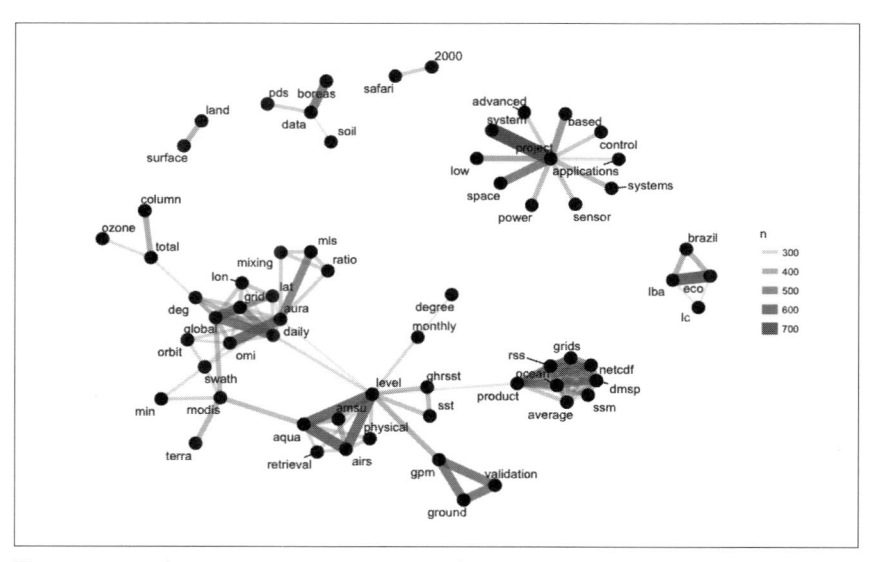

図8-1　NASAデータセットのタイトルのワードネットワーク

　タイトルのワードネットワークには明らかなクラスタリングがいくつか見られます。NASAデータセットのタイトルで使われる単語は、いっしょに使われることの多い単語のファミリーに大きく分けられています。

　では、説明フィールドの単語はどうでしょうか（**図8-2**参照）。

```
set.seed(1234)
desc_word_pairs %>%
  filter(n >= 5000) %>%
  graph_from_data_frame() %>%
  ggraph(layout = "fr") +
  geom_edge_link(aes(edge_alpha = n, edge_width = n), edge_colour = "darkred") +
  geom_node_point(size = 5) +
  geom_node_text(aes(label = name), repel = TRUE,
                  point.padding = unit(0.2, "lines")) +
  theme_void()
```

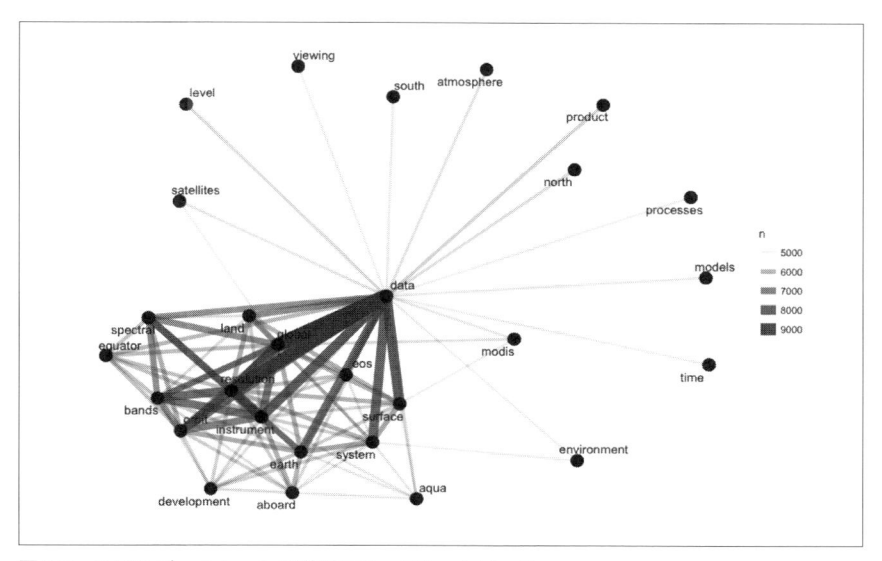

図8-2　NASAデータセットの説明のワードネットワーク

　図8-2は、上位の10個前後の単語（「data」、「global」、「resolution」、「instrument」など）の間に強力な結び付きがあるため、明確なクラスタリング構造は現れません。単語の出現頻度ではなく、tf-idf（詳細は第3章を参照）を使って個々の説明フィールドで特徴的な単語を探し出した方がよいでしょう。

8.2.2　キーワードのネットワーク

次に、同じデータセットで共起することが多いキーワードの組み合わせを知るた
めに、キーワードのネットワークを作りましょう（**図 8-3** 参照）。

```
keyword_pairs <- nasa_keyword %>%
  pairwise_count(keyword, id, sort = TRUE, upper = FALSE)

keyword_pairs

## # A tibble: 13,390 × 3
##           item1                    item2     n
##           <chr>                    <chr> <dbl>
## 1        OCEANS            OCEAN OPTICS  7324
## 2 EARTH SCIENCE              ATMOSPHERE  7318
## 3        OCEANS             OCEAN COLOR  7270
## 4  OCEAN OPTICS             OCEAN COLOR  7270
## 5       PROJECT               COMPLETED  6450
## 6 EARTH SCIENCE ATMOSPHERIC WATER VAPOR  3142
## 7    ATMOSPHERE ATMOSPHERIC WATER VAPOR  3142
## 8 EARTH SCIENCE                  OCEANS  2762
## 9 EARTH SCIENCE            LAND SURFACE  2718
## 10 EARTH SCIENCE               BIOSPHERE  2448
## # ... with 13,380 more rows

set.seed(1234)
keyword_pairs %>%
  filter(n >= 700) %>%
  graph_from_data_frame() %>%
  ggraph(layout = "fr") +
  geom_edge_link(aes(edge_alpha = n, edge_width = n),
                 edge_colour = "royalblue") +
  geom_node_point(size = 5) +
  geom_node_text(aes(label = name), repel = TRUE,
                 point.padding = unit(0.2, "lines")) +
  theme_void()
```

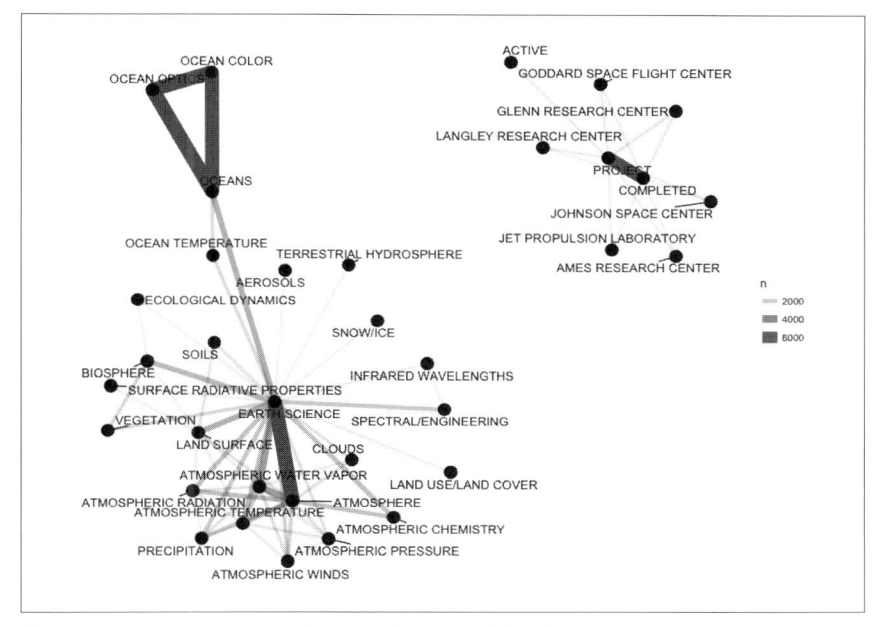

図8-3　NASAデータセットのキーワードに起こる共起のネットワーク

　今度はクラスタリングが現れ、「OCEANS」(海洋)、「OCEAN OPTICS」(海洋工学)、「OCEAN COLOR」(海洋の色)や「PROJECT」(プロジェクト)、「COMPLETED」(完了)などのキーワードの間に強いつながりがあります。

これらは最も頻繁に共起している単語ですが、最も頻繁に使われているキーワードでもあります。

　第4章で説明したようにキーワードの間の相関を調べれば、キーワードの間の関係に別の光を当てることができます。説明フィールドでほかのキーワードと比べて共起することが多いキーワードを探すということです。

```
keyword_cors <- nasa_keyword %>%
  group_by(keyword) %>%
  filter(n() >= 50) %>%
  pairwise_cor(keyword, id, sort = TRUE, upper = FALSE)
```

```
keyword_cors
```

```
## # A tibble: 7,875 × 3
##                  item1       item2 correlation
##                  <chr>       <chr>       <dbl>
## 1          KNOWLEDGE     SHARING   1.0000000
## 2           DASHLINK        AMES   1.0000000
## 3           SCHEDULE   EXPEDITION   1.0000000
## 4         TURBULENCE      MODELS   0.9971871
## 5              APPEL   KNOWLEDGE   0.9967945
## 6              APPEL     SHARING   0.9967945
## 7       OCEAN OPTICS OCEAN COLOR   0.9952123
## 8 ATMOSPHERIC SCIENCE       CLOUD   0.9938681
## 9             LAUNCH    SCHEDULE   0.9837078
## 10            LAUNCH   EXPEDITION   0.9837078
## # ... with 7,865 more rows
```

　このソート済みデータフレームの最上位にあるキーワードの組み合わせは、相関係数が1となっています。「KNOWLEDGE」と「SHARING」あるいは「DASHLINK」と「AMES」は常に共起しているのです。言い換えれば、これらのペアは冗長なキーワードということができます。このようなキーワードは、2つ一緒に使っても意味がなく、どちらか一方のキーワードだけを使えばよい可能性があります。

　では、キーワードの共起と同じように、キーワードの相関のネットワークを可視化しましょう（**図8-4**）

```
set.seed(1234)
keyword_cors %>%
  filter(correlation > .6) %>%
  graph_from_data_frame() %>%
  ggraph(layout = "fr") +
  geom_edge_link(aes(edge_alpha = correlation, edge_width = correlation),
                 edge_colour = "royalblue") +
  geom_node_point(size = 5) +
  geom_node_text(aes(label = name), repel = TRUE,
                 point.padding = unit(0.2, "lines")) +
  theme_void()
```

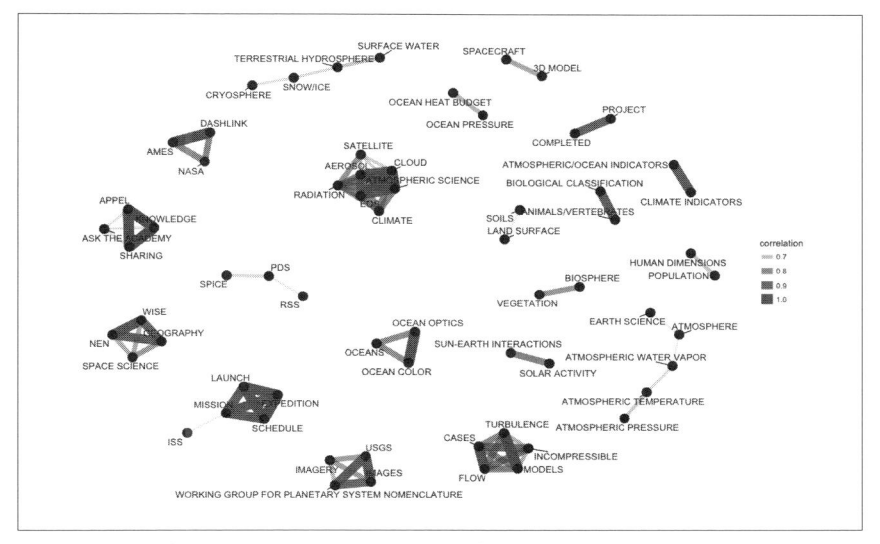

図8-4　NASAデータセットのキーワードに現れる相関のネットワーク

　図8-4は、図8-3のような共起のネットワークとはだいぶ異なります。共起のネットワークは共起するキーワードのペアを調べるものであったのに対し、相関のネットワークはほかのキーワードと比較して共起することの多いキーワードを調べるためのものだからです。図8-4には、キーワードの小さなクラスタがいくつも作成されています。このようなネットワーク構造は、上のコードの graph_from_data_frame() 関数で表示することができます。

8.3　説明フィールドの tf-idf の計算

　図8-2のネットワークグラフからは、説明フィールドが「data」、「global」、「resolution」（解決、解像度）などの少数の頻出語に支配されていることが明らかになりました。このようなときには、個別の説明フィールドで特徴的な単語を探し出すための指標として tf-idf を使う絶好の機会です。第3章で説明したように、tf-idf（単語出現頻度と逆文書頻度）を使えば、文書のコレクションの一部としての文書にとって特に重要な単語を特定することができます。NASAメタデータ説明フィールドにこのアプローチを応用してみましょう。

8.3.1 説明フィールドの単語の tf-idf とは何か

ここでは、個々の説明フィールドを文書、説明フィールド全体を文書のコレクションまたはコーパスと考えます。この章の前の方ですでに unnest_tokens() を使って説明フィールドに含まれる単語の整理データフレームを作っているので、bind_tf_idf() を使えば個々の単語の tf-idf を計算できます。

```
desc_tf_idf <- nasa_desc %>%
  count(id, word, sort = TRUE) %>%
  ungroup() %>%
  bind_tf_idf(word, id, n)
```

NASA メタデータ説明フィールドで tf-idf が最も高い単語はどれになるでしょうか。

```
desc_tf_idf %>%
  arrange(-tf_idf) %>%
  select(-id)

## # A tibble: 1,913,224 × 6
##                                                word     n    tf       idf
##                                               <chr> <int> <dbl>     <dbl>
## 1                                               rdr     1     1 10.375052
## 2  palsar_radiometric_terrain_corrected_high_res     1     1 10.375052
## 3  cpalsar_radiometric_terrain_corrected_low_res     1     1 10.375052
## 4                                              lgrs     1     1  8.765615
## 5                                              lgrs     1     1  8.765615
## 6                                              lgrs     1     1  8.765615
## 7                                               mri     1     1  8.583293
## 8                          template_proddescription     1     1  8.295611
## 9                          template_proddescription     1     1  8.295611
## 10                         template_proddescription     1     1  8.295611
## # ... with 1,913,214 more rows, and 1 more variables: tf_idf <dbl>
```

tf-idf を指標としたときに説明フィールドで最も重要な単語、つまり頻繁に使われているものの、使われ方が頻繁すぎない単語はこれらです。

 この出力は、問題が起こっていることを示しています。表示されている単語の n と tf がともに1だということは、これらは説明フィールドが1語だけだということです。説明フィールドに1語しかなければ、tf-idf アルゴリズムは、それをとても重要な単語だと思ってしまいます。

データ分析の目標次第では、単語数が非常に少ない説明フィールドはすべて捨ててしまうとよいかもしれません。

8.3.2　説明フィールドとキーワードのつながり

説明の中でどの単語のtf-idfが高いかがわかり、説明に対するキーワードを格納するフィールドも手元にあるので、キーワードデータフレームとtf-idfデータ付きの説明フィールドの単語データフレームを完全外部結合して、特定のキーワードに対して最もtf-idfが高い単語を調べてみましょう。

```
desc_tf_idf <- full_join(desc_tf_idf, nasa_keyword, by = "id")
```

tf-idfという指標から見て、NASAデータセットの一部のキーワード例にとって最も重要な単語をいくつかプロットしてみましょう。まず、dplyrで対象のキーワードを絞り込み、キーワードごとにtf-idfが高い上位15語だけを取り出します。そして、それらの単語を**図8-5**のようにプロットします。

```
desc_tf_idf %>%
  filter(!near(tf, 1)) %>%
  filter(keyword %in% c("SOLAR ACTIVITY", "CLOUDS",
                        "SEISMOLOGY", "ASTROPHYSICS",
                        "HUMAN HEALTH", "BUDGET")) %>%
  arrange(desc(tf_idf)) %>%
  group_by(keyword) %>%
  distinct(word, keyword, .keep_all = TRUE) %>%
  top_n(15, tf_idf) %>%
  ungroup() %>%
  mutate(word = factor(word, levels = rev(unique(word)))) %>%
  ggplot(aes(word, tf_idf, fill = keyword)) +
  geom_col(show.legend = FALSE) +
  facet_wrap(~keyword, ncol = 3, scales = "free") +
  coord_flip() +
  labs(title = "Highest tf-idf words in NASA metadata description fields",
       caption = "NASA metadata from https://data.nasa.gov/data.json",
       x = NULL, y = "tf-idf")
```

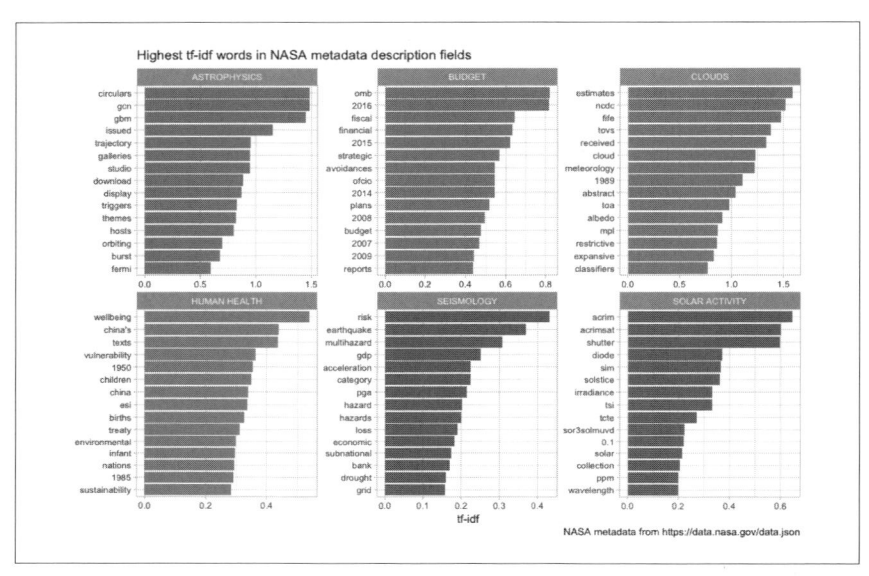

図8-5　選ばれた一部のキーワードを持つデータセットに含まれる単語の中で tf-idf が高いもの

　tf-idf を使ったため、個々のキーワードに対応する説明フィールドで最も重要な単語を探し出すことができました。たとえば、「SEISMOLOGY」（地震学）をキーワードとするデータセットでは「earthquake」、「risk」、「hazard」（危険）、「HUMAN HEALTH」（人間の健康）をキーワードとするデータセットでは「wellbeing」（健康）、「vulnerability」（脆弱性）、「children」といった単語が含まれています。英単語ではない文字の組み合わせは、頭字語（たとえば、Office of Management and Budget: アメリカ合衆国行政管理予算局を表す OMB など）やそのトピックで重要な意味を持つ年などの数値です。tf-idf 統計量は、目的通りの単語、すなわち文書のコレクションの一部となっている文書にとって重要な単語を探し出したのです。

8.4　トピックモデリング

　統計指標として tf-idf を計算したので、NASA メタデータ説明フィールドの内容がどのようなものかについてすでにある程度のイメージはできていますが、NASA 説明フィールドとは何なのかという問いに別の方法でアプローチしてみましょう。第6章で説明したトピックモデリングを使えば、個々の文書（説明フィールド）をトピックの混合物として、そして個々のトピックを単語の混合物としてモデリングす

ることができます。このトピックモデリングでは、今までの章と同様に、LDA（潜在的ディリクレ配分法、https://en.wikipedia.org/wiki/Latent_Dirichlet_allocation）を使うこととします。トピックモデリングには、これ以外のアプローチもあります。

8.4.1　DTMへのキャスト

これから説明する方法でトピックモデリングを行うためには、tmパッケージで定義されているDocumentTermMatrixという特別な行列が必要です（もちろん、これはDTM（文書-単語行列）という一般的な概念の実装の1つにすぎません）。行は文書（ここでは説明フィールド）、列は単語に対応しています。DTMは疎行列であり、値は語数です。

まず、ストップワードを使って、HTMLその他の文字エンコーディングによって残された無意味な「単語」を取り除き、テキストを少しクリーンアップしましょう。bind_rows()を使えば、tidytextパッケージのデフォルトストップワードリストにカスタムストップワードを追加できます。そのあとでanti_join()を使えば、データフレームから両方のストップワードをまとめて取り除くことができます。

```
my_stop_words <- bind_rows(stop_words,
                      data_frame(word = c("nbsp", "amp", "gt", "lt",
                                          "timesnewromanpsmt", "font",
                                          "td", "li", "br", "tr", "quot",
                                          "st", "img", "src", "strong",
                                          "http", "file", "files",
                                          as.character(1:12)),
                              lexicon = rep("custom", 30)))

word_counts <- nasa_desc %>%
  anti_join(my_stop_words) %>%
  count(id, word, sort = TRUE) %>%
  ungroup()

word_counts

## # A tibble: 1,895,310 × 3
##                        id    word     n
##                     <chr>   <chr> <int>
## 1  55942a8ec63a7fe59b4986ef    suit    82
## 2  55942a8ec63a7fe59b4986ef   space    69
## 3  56cf5b00a759fdadc44e564a    data    41
```

```
## 4   56cf5b00a759fdadc44e564a      leak      40
## 5   56cf5b00a759fdadc44e564a      tree      39
## 6   55942a8ec63a7fe59b4986ef  pressure      34
## 7   55942a8ec63a7fe59b4986ef    system      34
## 8   55942a89c63a7fe59b4982d9        em      32
## 9   55942a8ec63a7fe59b4986ef        al      32
## 10  55942a8ec63a7fe59b4986ef     human      31
## # ... with 1,895,300 more rows
```

これが DocumentTermMatrix を作るために必要な各文書で個々の単語が何回使われ
ているかという情報です。第5章で詳しく説明したように、整理テキスト形式は、
DocumentTermMatrix という未整理形式に cast() することができます。

```
desc_dtm <- word_counts %>%
  cast_dtm(id, word, n)

desc_dtm

## <<DocumentTermMatrix (documents: 32003, terms: 35901)>>
## Non-/sparse entries: 1895310/1147044393
## Sparsity           : 100%
## Maximal term length: 166
## Weighting          : term frequency (tf)
```

このデータセットには、文書（NASA メタデータ説明フィールド）と単語が含まれ
ていることがわかります。この例では、DTM が100％疎（に非常に近い）ことに注意
しましょう。つまり、この行列の要素はほぼすべて0です。0でない要素は、特定の
単語が特定の文書に出現する回数を示します。

8.4.2　トピックモデリングの実行

では、topicmodels パッケージ（https://cran.r-project.org/package=topicmodels）
を使って LDA モデルを作りましょう。アルゴリズムに作らせるトピックは何個にし
たらよいでしょうか。これは、k 平均法によるクラスタリングのときと同じような
問題です。何個にすればよいかが事前にはっきりとわかるわけではありません。そ
こで、8、16、24、32、64の5種類のトピック数でこれから説明するモデリングの手
続きを実行してみました。24までなら、文書はきれいにトピックに分類されること
がわかりましたが、それを超えると、γ（各文書が各トピックに属する確率）の分布

がおかしくなります。このことについてはあとで詳しく説明します。

```
library(topicmodels)

# このモデルの実行には時間がかかることに注意
desc_lda <- LDA(desc_dtm, k = 24, control = list(seed = 1234))
desc_lda

## A LDA_VEM topic model with 24 topics.
```

LDAは、どこからスタートするかによって結果が変わる確率的なアルゴリズムなので、同じ結果を得るためには、ここで示したようにseedを指定する必要があります。

8.4.3　トピックモデルの解釈

モデルができたので、得られたモデルの要点を示す整理データフレームを作りましょう。tidytextパッケージには、topicmodelsパッケージで得られたLDAモデルを整理するメソッドが含まれています。

```
tidy_lda <- tidy(desc_lda)

tidy_lda

## # A tibble: 861,624 × 3
##    topic term         beta
##    <int> <chr>       <dbl>
## 1      1  suit 1.003981e-121
## 2      2  suit 2.630614e-145
## 3      3  suit  1.916240e-79
## 4      4  suit  6.715725e-45
## 5      5  suit  1.738334e-85
## 6      6  suit  7.692116e-84
## 7      7  suit  3.283851e-04
## 8      8  suit  3.738586e-20
## 9      9  suit  4.846953e-15
## 10    10  suit  4.765471e-10
## # ... with 861,614 more rows
```

beta (β) 列は、単語がその文書のそのトピックから生まれた確率を示します。これは、単語がそのトピックに属する確率です。βの中には非常に小さいものもそれ

ほど小さくないものも含まれています。

　個々のトピック（テーマ）は何なのでしょうか。各トピックの上位10語を表示してみましょう。

```
top_terms <- tidy_lda %>%
  group_by(topic) %>%
  top_n(10, beta) %>%
  ungroup() %>%
  arrange(topic, -beta)

top_terms

## # A tibble: 240 × 3
##    topic        term      beta
##    <int>       <chr>     <dbl>
## 1      1        data 0.04488960
## 2      1        soil 0.03676198
## 3      1    moisture 0.02954555
## 4      1        amsr 0.02437751
## 5      1         sst 0.01684001
## 6      1  validation 0.01322457
## 7      1 temperature 0.01317075
## 8      1     surface 0.01290046
## 9      1    accuracy 0.01225131
## 10     1         set 0.01155372
## # ... with 230 more rows
```

　このようなデータフレームからトピックがどのようなものかを解釈するのは容易なことではないので、図8-6、図8-7のように可視化してみましょう。

```
top_terms %>%
  mutate(term = reorder(term, beta)) %>%
  group_by(topic, term) %>%
  arrange(desc(beta)) %>%
  ungroup() %>%
  mutate(term = factor(paste(term, topic, sep = "__"),
                       levels = rev(paste(term, topic, sep = "__")))) %>%
  ggplot(aes(term, beta, fill = as.factor(topic))) +
  geom_col(show.legend = FALSE) +
  coord_flip() +
  scale_x_discrete(labels = function(x) gsub("__.+$", "", x)) +
  labs(title = "Top 10 terms in each LDA topic",
```

```
      x = NULL, y = expression(beta)) +
  facet_wrap(~ topic, ncol = 3, scales = "free")
```

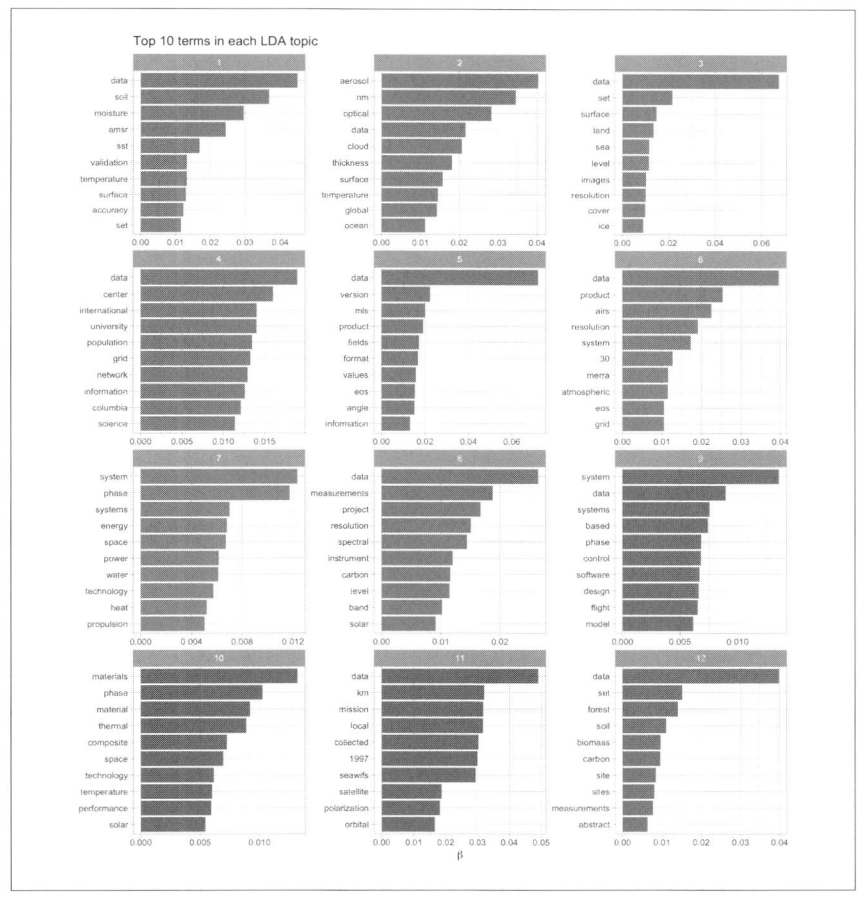

図8-6 NASAメタデータ説明フィールドをトピックモデリングして得られた各トピックの上位10語

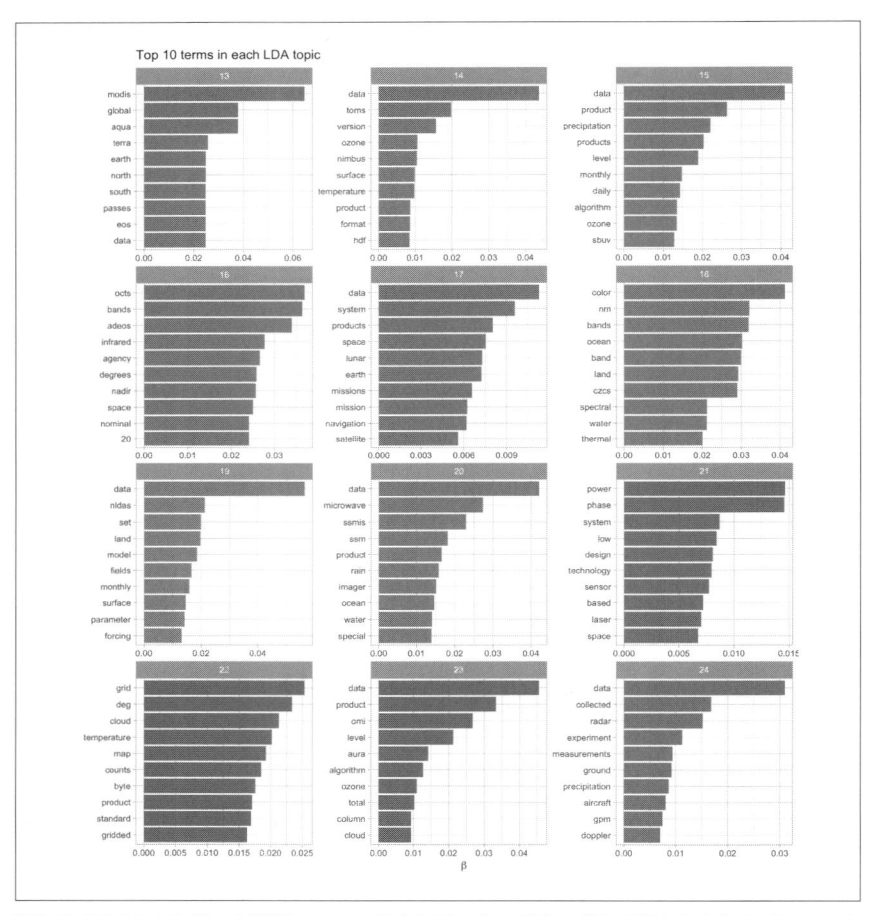

図8-7　NASA メタデータ説明フィールドをトピックモデリングして得られた各トピックの上位10語

　説明フィールドで単語「data」がいかに支配的な地位を占めているかがわかります。また、トピック12の「soil」（土壌）、「forests」（森林）、「biomass」（バイオマス）といった単語とトピック21の「design」（設計）、「systems」（システム）、「technology」（テクノロジ）といった単語の間には意味のある違いがあります。トピックモデリングは、人間の読者が説明フィールドから理解できるような単語のカテゴリを探し出したのです。

　単語がどのトピックと関連しているかはわかりました。次に、どのトピックがど

の説明フィールド（文書）と関連しているかを調べましょう。文書がトピックに属する確率（γ）も、tidy()で計算できます。

```
lda_gamma <- tidy(desc_lda, matrix = "gamma")

lda_gamma

## # A tibble: 768,072 × 3
##                   document topic        gamma
##                      <chr> <int>        <dbl>
## 1  55942a8ec63a7fe59b4986ef     1 6.453820e-06
## 2  56cf5b00a759fdadc44e564a     1 1.158393e-05
## 3  55942a89c63a7fe59b4982d9     1 4.917441e-02
## 4  56cf5b00a759fdadc44e55cd     1 2.249043e-05
## 5  55942a89c63a7fe59b4982c6     1 6.609442e-05
## 6  55942a86c63a7fe59b498077     1 5.666520e-05
## 7  56cf5b00a759fdadc44e56f8     1 4.752082e-05
## 8  55942a8bc63a7fe59b4984b5     1 4.308534e-05
## 9  55942a6ec63a7fe59b496bf7     1 4.408626e-05
## 10 55942a8ec63a7fe59b4986f6     1 2.878188e-05
## # ... with 768,062 more rows
```

データフレームの先頭の部分からだけでも、確率の一部は小さく、一部はそれよりも大きいことがわかるでしょう。このモデルが計算したのは、個々の説明が個々のトピック（先ほど単語の集合から作ったトピック）に属する確率です。では、確率はどのように分布しているでしょうか。可視化してみましょう（**図8-8**参照）。

```
ggplot(lda_gamma, aes(gamma)) +
  geom_histogram() +
  scale_y_log10() +
  labs(title = "Distribution of probabilities for all topics",
       y = "Number of documents", x = expression(gamma))
```

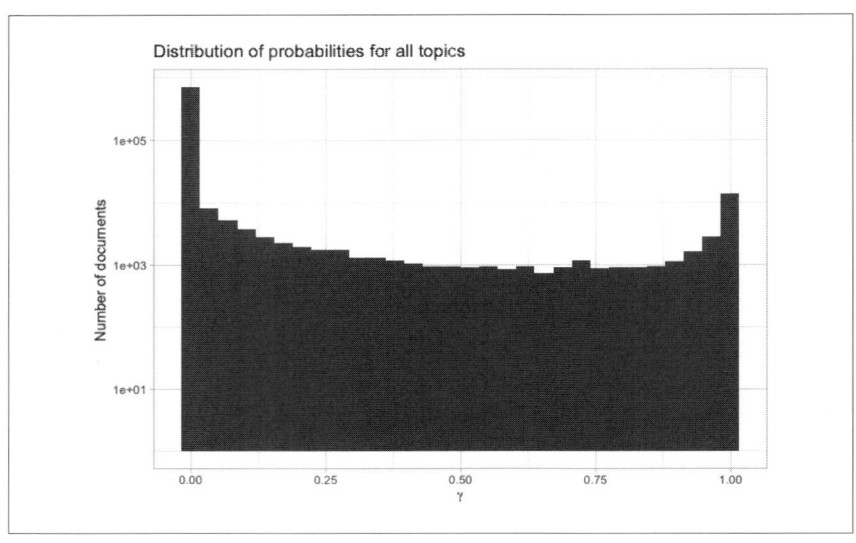

図8-8　NASAメタデータ説明フィールドをトピックモデリングして得られた確率分布

　まず、y軸が対数スケールでプロットされていることに注意してください。こうしなければ、プロットで何かを示すこと自体が難しくなってしまいます。次に、γが0から1までになっていることに注意してください。これは特定の文書が特定のトピックに属する確率だということを思い出しましょう。0の近くに多くの値がありますが、それはそのトピックに属さない文書がたくさんあることを示しています。同様に、$\gamma=1$の近くにも多くの値があります。これらは文書が実際にそのトピックに属していることを示しています。この分布は、文書がトピックに属するか属さないかをはっきり分類できていることを示しています。図8-9のように、トピックごとに文書がそのトピックに属するかどうかを確認することもできます。

```
ggplot(lda_gamma, aes(gamma, fill = as.factor(topic))) +
  geom_histogram(show.legend = FALSE) +
  facet_wrap(~ topic, ncol = 4) +
  scale_y_log10() +
  labs(title = "Distribution of probability for each topic",
      y = "Number of documents", x = expression(gamma))
```

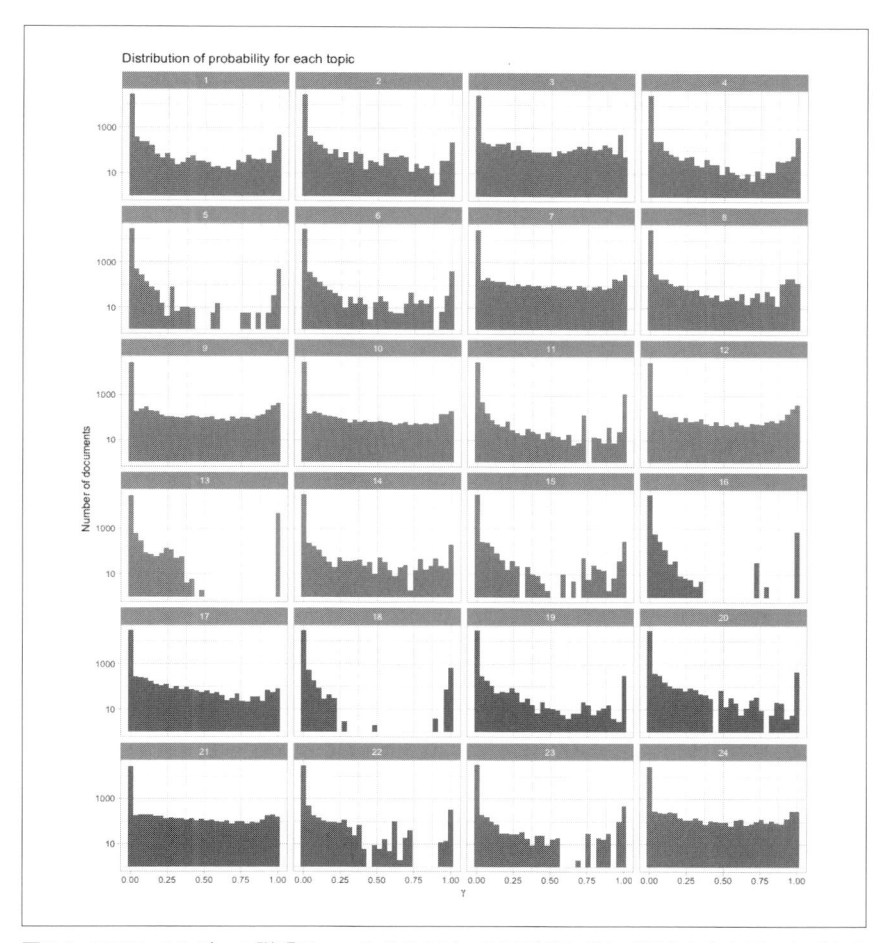

図8-9　NASAメタデータ説明フィールドをトピックモデリングして得られたトピックごとの
　　　　確率分布

　図8-9のトピック18を詳しく調べてみましょう。このトピックは、文書が属して
いるかどうかがはっきりと分かれたトピックです。γが1に近い文書がたくさんあ
りますが、これらはモデルがこのトピックに属すると考えた文書です。それに対し、
ガンマが0に近い文書もたくさんありますが、これらはトピック18に属さない文書
です。各文書はこのプロットのすべてのパネルに登場しており、そのガンマ値は文
書がそのトピックに属する確率を示しています。

　このプロットには、トピックモデリングを実行するときに指定するトピック数を
いくつにするかを選ぶための情報が示されています。24 よりも大きな値（32や64）
を試すと、γ の分布は $\gamma=1$ に向かってぐんと伸びず、フラットな感じになります。
これは、文書が各トピックにうまく分類できていないことを示します。

8.4.4　トピックモデリングとキーワードの結合

　トピックモデルとキーワードを組み合わせたら、どのような関係が見つかるで
しょうか。人間が考えたキーワードとモデルを full_join() すると、どのキーワー
ドがどのトピックと関連しているかがわかります。

```
lda_gamma <- full_join(lda_gamma, nasa_keyword, by = c("document" = "id"))

lda_gamma
```

```
## # A tibble: 3,037,671 × 4
##                      document topic        gamma                         keyword
##                         <chr> <int>        <dbl>                           <chr>
## 1  55942a8ec63a7fe59b4986ef     1 6.453820e-06          JOHNSON SPACE CENTER
## 2  55942a8ec63a7fe59b4986ef     1 6.453820e-06                       PROJECT
## 3  55942a8ec63a7fe59b4986ef     1 6.453820e-06                     COMPLETED
## 4  56cf5b00a759fdadc44e564a     1 1.158393e-05                      DASHLINK
## 5  56cf5b00a759fdadc44e564a     1 1.158393e-05                          AMES
## 6  56cf5b00a759fdadc44e564a     1 1.158393e-05                          NASA
## 7  55942a89c63a7fe59b4982d9     1 4.917441e-02 GODDARD SPACE FLIGHT CENTER
## 8  55942a89c63a7fe59b4982d9     1 4.917441e-02                       PROJECT
## 9  55942a89c63a7fe59b4982d9     1 4.917441e-02                     COMPLETED
## 10 56cf5b00a759fdadc44e55cd     1 2.249043e-05                      DASHLINK
## # ... with 3,037,661 more rows
```

　filter() を使って、確率（γ）が一定の足切り値よりも大きい文書-トピック要素だ
けを残しましょう。

```
top_keywords <- lda_gamma %>%
  filter(gamma > 0.9) %>%
  count(topic, keyword, sort = TRUE)

top_keywords

## Source: local data frame [1,022 x 3]
## Groups: topic [24]
```

```
## 
##     topic      keyword    n
##     <int>       <chr> <int>
## 1      13  OCEAN COLOR  4480
## 2      13 OCEAN OPTICS  4480
## 3      13       OCEANS  4480
## 4      11  OCEAN COLOR  1216
## 5      11 OCEAN OPTICS  1216
## 6      11       OCEANS  1216
## 7       9      PROJECT   926
## 8      12 EARTH SCIENCE  909
## 9       9    COMPLETED   834
## 10     16  OCEAN COLOR   768
## # ... with 1,012 more rows
```

個々のトピックの上位のキーワードは何になるでしょうか(**図8-10**参照)。

```
top_keywords %>%
  group_by(topic) %>%
  top_n(5, n) %>%
  group_by(topic, keyword) %>%
  arrange(desc(n)) %>%
  ungroup() %>%
  mutate(keyword = factor(paste(keyword, topic, sep = "__"),
                          levels = rev(paste(keyword, topic, sep = "__")))) %>%
  ggplot(aes(keyword, n, fill = as.factor(topic))) +
  geom_col(show.legend = FALSE) +
  labs(title = "Top keywords for each LDA topic",
       x = NULL, y = "Number of documents") +
  coord_flip() +
  scale_x_discrete(labels = function(x) gsub("__.+$", "", x)) +
  facet_wrap(~ topic, ncol = 3, scales = "free")
```

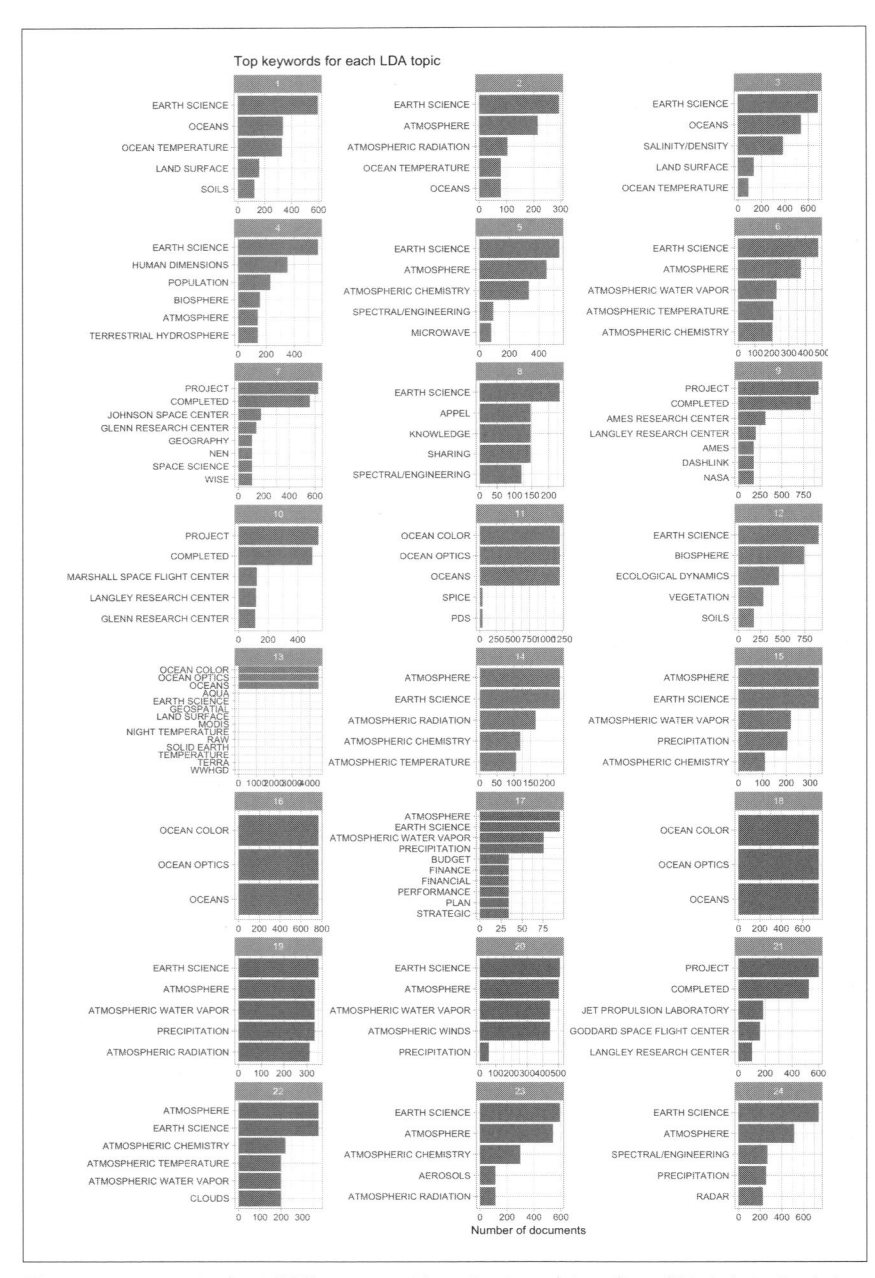

図8-10　NASA メタデータ説明フィールドをトピックモデリングして得られたトピックとの関連性が高いキーワード

　ここで一歩下がって**図8-10**から何がわかるのかをよく考えてみましょう。NASA
データセットには、人が付けたキーワードがあります。そして、NASAメタデータ
の説明フィールドをLDAでトピックモデリングしました（トピック数24）。このプ
ロットは、「説明フィールドのトピックモデリングから、特定のトピックに属する
確率が高いと考えられるデータセットに対して、人間がどのようなキーワードを最
も多く与えているか」という問いに答えるものです。

　面白いのは、トピック13、16、18に与えられているキーワードがほぼ同じ
（「OCEAN COLOR」、「OCEAN OPTICS」、「OCEANS」）だということです。しかし、
図8-6と**図8-7**を見る限り、これらのトピックに関連する単語として上位に並んだも
のには、はっきりわかる違いがあります。トピック13、16、18に属するとされた文
書の数は、このプロットに含まれているデータセット全体の数の中でかなりの割合
を占めており、トピック11を加えるとさらに増えることも注目されます。この数字
からは、NASAには、海洋、海洋の色、海洋光学（ocean opticsは分光器のメーカー
名でもあります）を扱うデータセットが多数あることがわかります。トピック9、
10、21には、「PROJECT COMPLETED」（プロジェクト完了）というキーワードと
NASAの研究所、研究センター名が含まれています。「atmospheric science」（大気科
学）、「budget/finance」（予算/財務）、「population/human dimensions」（人口/人的
側面）といったキーワードのグループも目立ちます。トピックに属する単語を示す
図8-6、**図8-7**に戻ると、説明フィールドのどの単語によってデータセットのトピッ
クが判断されているかがわかります。たとえば、トピック4には「population」（人口）
や「human dimensions」（人的側面）というキーワードが与えられていますが、この
トピックの上位の単語は「population」（人口）、「international」（国際）、「center」（セ
ンター）、「university」（大学）です。

8.5　まとめ

　この章では、ネットワーク分析、tf-idf、トピックモデリングを組み合わせ、
NASAのデータセットが互いにどのように関連し合っているかについての理解を大
きく深めることができたでしょう。具体的に言うと、キーワード相互にどのような
つながりがあるか、どのデータセットが関連し合うかなどについての知識が増えた
と思います。トピックモデリングは、説明フィールドの単語に基づいてキーワード
を提案するために使えそうです。逆に、キーワードの分析を進めれば、一部の研究

分野で最も重要なキーワードの組み合わせについてのヒントが得られるでしょう。

9章

ケーススタディ：
Usenetテキストの分析

最後の9章では、1993年にUsenetの20のニュースグループに送られた20,000
通のメッセージの分析を最初から最後まで紹介しましょう。このデータセットの
Usenetには、政治、宗教、自動車、スポーツ、暗号学などのテーマを扱うニュース
グループが含まれており、多くのユーザが書いた内容の豊かなテキストセットを提
供しています。このデータセットは、http://qwone.com/~jason/20Newsgroups/で
20news-bydate.tar.gzファイルとして公開されており、テキスト分析と機械学習の練
習用に広く使われています。

9.1　前処理

まず、20news-bydateからすべてのメッセージを読み出します。20news-bydateフォ
ルダには、1つのメッセージを1つのファイルとして格納する複数のサブフォルダが
含まれています。この種のファイルは、read_lines()、map()、unnest()を組み合
わせて読み出すことができます。

文書全体を読み出すこのステップは、数分かかることがあります。

```
library(dplyr)
library(tidyr)
library(purrr)
library(readr)

training_folder <- "data/20news-bydate/20news-bydate-train/"
```

```
# フォルダに含まれるすべてのファイルを1つのデータフレームに読み出す関数
read_folder <- function(infolder) {
  data_frame(file = dir(infolder, full.names = TRUE)) %>%
    mutate(text = map(file, read_lines)) %>%
    transmute(id = basename(file), text) %>%
    unnest(text)
}

# unnest()とmap()で各サブフォルダにread_folderを実行
raw_text <- data_frame(folder = dir(training_folder, full.names = TRUE)) %>%
  unnest(map(folder, read_folder)) %>%
  transmute(newsgroup = basename(folder), id, text)

raw_text

## # A tibble: 511,655 x 3
##      newsgroup    id                                                        text
##          <chr> <chr>                                                       <chr>
##  1 alt.atheism 49960                         From: mathew <mathew@mantis.co.uk>
##  2 alt.atheism 49960                    Subject: Alt.Atheism FAQ: Atheist Resources
##  3 alt.atheism 49960      Summary: Books, addresses, music -- anything related to atheism
##  4 alt.atheism 49960 Keywords: FAQ, atheism, books, music, fiction, addresses, contacts
##  5 alt.atheism 49960                          Expires: Thu, 29 Apr 1993 11:57:19 GMT
##  6 alt.atheism 49960                                         Distribution: world
##  7 alt.atheism 49960             Organization: Mantis Consultants, Cambridge. UK.
##  8 alt.atheism 49960                    Supersedes: <19930301143317@mantis.co.uk>
##  9 alt.atheism 49960                                                  Lines: 290
## 10 alt.atheism 49960
## # ... with 511,645 more rows
```

　各メッセージが20個のニュースグループのどこに投稿されたものかを示す
newsgroup列とニュースグループ内のメッセージを一意に識別する id列がありま
す。どのニュースグループが含まれ、それぞれに何件のメッセージが投稿されてい
るのでしょうか（**図9-1** 参照）。

```
library(ggplot2)

raw_text %>%
  group_by(newsgroup) %>%
  summarize(messages = n_distinct(id)) %>%
  ggplot(aes(newsgroup, messages)) +
  geom_col() +
```

```
coord_flip()
```

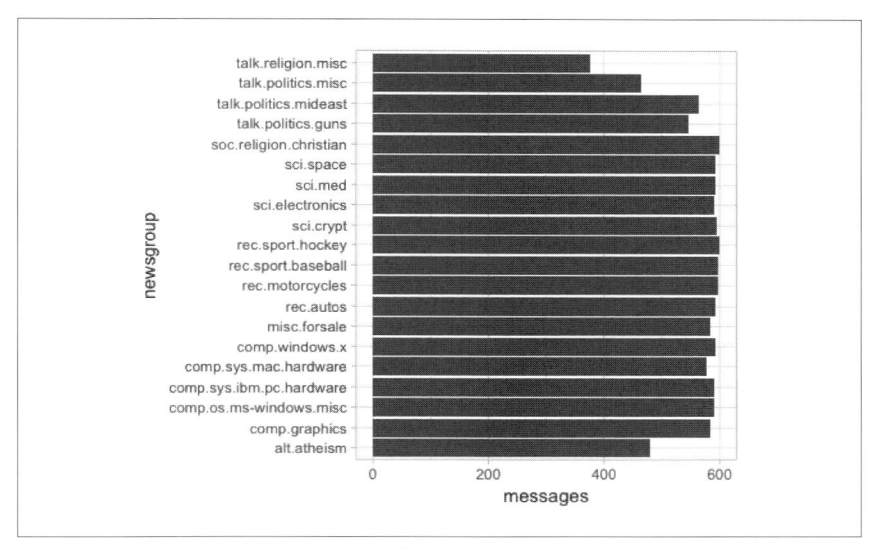

図9-1　各ニュースグループのメッセージ数

　Usenetのニュースグループ名は、階層的な構造になっていることがわかります。先頭が「talk」（雑談）、「sci」（科学）、「rec」（娯楽）といったメイントピックで、そのあとに具体的な分野が続いています。

9.1.1　テキストの前処理

　本書で使ってきたデータセットはほとんどが前処理済みでした。たとえば、ジェーン・オースティンの小説から著作権表示を取り除く必要はありませんでした。しかし、Usenetのデータセットのメッセージには構造があり、分析に組み込みたくない余分なテキストが含まれています。たとえば、各メッセージにはヘッダーが付いていて、「from:」「in_reply_to:」といったフィールドではメッセージについての情報が記述されています。また、自動的に追加されるメールシグネチャは--のような行から始まります。

　この種の前処理は、dplyrの cumsum()（累積和）と stringrの str_detect()の組み合わせですることができます。

```
library(stringr)

# 最初の空行の次の行から--で始まる最初の行の前まで
cleaned_text <- raw_text %>%
  group_by(newsgroup, id) %>%
  filter(cumsum(text == "") > 0,
         cumsum(str_detect(text, "^--")) == 0) %>%
  ungroup()
```

　また、ほかのユーザのメッセージからの引用を表すネストされたテキスト行も多数含まれています。一般に、これらの引用は、「so-and-so writes…」のような行から始まっており、正規表現を組み合わせれば取り除くことができます。

　ここでは、9704 と 9985 の2つのメッセージ手作業で取り除くことにしました。テキストではないコンテンツを大量に含むからです。

```
cleaned_text <- cleaned_text %>%
  filter(str_detect(text, "^[^>]+[A-Za-z\\d]") | text == "",
         !str_detect(text, "writes(:|\\.\\.\\.)$"),
         !str_detect(text, "^In article <"),
         !id %in% c(9704, 9985))
```

　これで、ストップワードを取り除いた上、unnest_tokens()を使ってデータセットをトークンに分割することができます。

```
library(tidytext)

usenet_words <- cleaned_text %>%
  unnest_tokens(word, text) %>%
  filter(str_detect(word, "[a-z']$"),
         !word %in% stop_words$word)
```

　未加工のデータセットは、どれもデータをクリーニングするためにさまざま異なる処理を行ってデータクリーニングをする必要があります。そのために試行錯誤が必要になったり、データセットの中の特殊条件を探らなければならなくなったりすることがよくあります。この種のクリーニングは、dplyrやtidyrなどの整理ツールで実行可能です。

9.2 ニュースグループに含まれる単語

　ヘッダー、シグネチャ、書式を取り除いたら準備完了です。早速頻出語を探って
みましょう。まず、データセット全体、あるいは特定のニュースグループでの頻出
語を調べてみましょう。

```
usenet_words %>%
  count(word, sort = TRUE)

## # A tibble: 68,137 × 2
##          word     n
##         <chr> <int>
## 1      people  3655
## 2        time  2705
## 3         god  1626
## 4      system  1595
## 5     program  1103
## 6         bit  1097
## 7 information  1094
## 8     windows  1088
## 9  government  1084
## 10      space  1072
## # ... with 68,127 more rows

words_by_newsgroup <- usenet_words %>%
  count(newsgroup, word, sort = TRUE) %>%
  ungroup()

words_by_newsgroup

## # A tibble: 173,913 × 3
##                  newsgroup     word     n
##                      <chr>    <chr> <int>
## 1   soc.religion.christian      god   917
## 2                sci.space    space   840
## 3    talk.politics.mideast   people   728
## 4                sci.crypt      key   704
## 5   comp.os.ms-windows.misc  windows   625
## 6    talk.politics.mideast armenian   582
## 7                sci.crypt       db   549
## 8    talk.politics.mideast  turkish   514
## 9                rec.autos      car   509
```

```
## 10    talk.politics.mideast armenians    509
## # ... with 173,903 more rows
```

9.2.1　ニュースグループ内のtf-idf

　ニュースグループによってテーマや用語が異なるという視点からは、頻出語も
ニュースグループによって異なるはずです。tf-idf統計量を使ってそれを数量化して
みましょう（**図9-2**）。

```
tf_idf <- words_by_newsgroup %>%
  bind_tf_idf(word, newsgroup, n) %>%
  arrange(desc(tf_idf))

tf_idf
```

```
# A tibble: 173,913 x 6
                    newsgroup          word     n       tf     idf
                        <chr>         <chr> <int>    <dbl>   <dbl>
 1 comp.sys.ibm.pc.hardware          scsi   483 0.01761681 1.20397
 2    talk.politics.mideast       armenian   582 0.00804890 2.30259
 3             rec.motorcycles          bike   324 0.01389842 1.20397
 4    talk.politics.mideast     armenians   509 0.00703933 2.30259
 5                 sci.crypt    encryption   410 0.00816099 1.89712
 6           rec.sport.hockey           nhl   157 0.00439665 2.99573
 7        talk.politics.misc stephanopoulos   158 0.00416228 2.99573
 8           rec.motorcycles         bikes    97 0.00416095 2.99573
 9           rec.sport.hockey        hockey   270 0.00756112 1.60944
10              comp.windows.x         oname   136 0.00353550 2.99573
# ... with 173,903 more rows, and 1 more variables: tf_idf <dbl>
```

　一部のグループについて、tf-idfが高い単語を調べれば、グループのテーマに固有
な単語を抽出できます。たとえば、すべての科学関係のニュースグループでtf-idf上
位の単語を抽出して可視化すると、**図9-2**のようになります。

```
tf_idf %>%
  filter(str_detect(newsgroup, "^sci\\.")) %>%
  group_by(newsgroup) %>%
  top_n(12, tf_idf) %>%
  ungroup() %>%
  mutate(word = reorder(word, tf_idf)) %>%
  ggplot(aes(word, tf_idf, fill = newsgroup)) +
```

```
geom_col(show.legend = FALSE) +
facet_wrap(~ newsgroup, scales = "free") +
ylab("tf-idf") +
coord_flip()
```

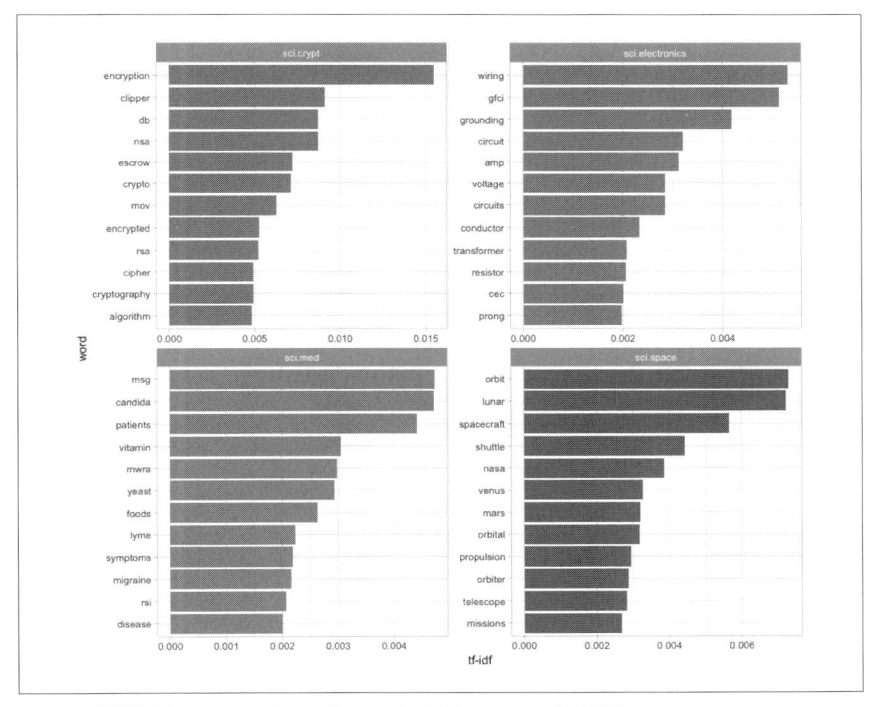

図9-2　科学関連ニュースグループでtf-idfが最も高い12個の単語

　sci.electronics の「wiring」（配線）、「circuit」（回路）、sci.space の「orbit」（軌道、周回）、「lunar」（月の）など、特定のニュースグループのみで現れる頻出語がたくさん含まれています。同じコードを使って、ほかのニュースグループで特徴的な単語も調べることができます。ぜひ試してみてください。

　テキストの内容に類似点があるニュースグループはどれでしょうか。widyrパッケージのpairwise_cor()関数を使って、個々のニュースグループの中の頻出語同士の相関を調べればわかります（「**4.2.2　ペアごとの相関**」参照）。

```
library(widyr)

newsgroup_cors <- words_by_newsgroup %>%
  pairwise_cor(newsgroup, word, n, sort = TRUE)

newsgroup_cors

## # A tibble: 380 × 3
##                      item1                    item2 correlation
##                      <chr>                    <chr>       <dbl>
## 1       talk.religion.misc  soc.religion.christian   0.8347275
## 2   soc.religion.christian      talk.religion.misc   0.8347275
## 3              alt.atheism      talk.religion.misc   0.7793079
## 4       talk.religion.misc             alt.atheism   0.7793079
## 5              alt.atheism  soc.religion.christian   0.7510723
## 6   soc.religion.christian             alt.atheism   0.7510723
## 7     comp.sys.mac.hardware comp.sys.ibm.pc.hardware 0.6799043
## 8  comp.sys.ibm.pc.hardware   comp.sys.mac.hardware  0.6799043
## 9        rec.sport.baseball       rec.sport.hockey   0.5770378
## 10         rec.sport.hockey     rec.sport.baseball   0.5770378
## # ... with 370 more rows
```

特にニュースグループ間の相関が強いものだけを残してネットワークとして可視
化してみましょう（**図9-3**参照）

```
library(ggraph)
library(igraph)
set.seed(2017)

newsgroup_cors %>%
  filter(correlation > .4) %>%
  graph_from_data_frame() %>%
  ggraph(layout = "fr") +
  geom_edge_link(aes(alpha = correlation, width = correlation)) +
  geom_node_point(size = 6, color = "lightblue") +
  geom_node_text(aes(label = name), repel = TRUE) +
  theme_void()
```

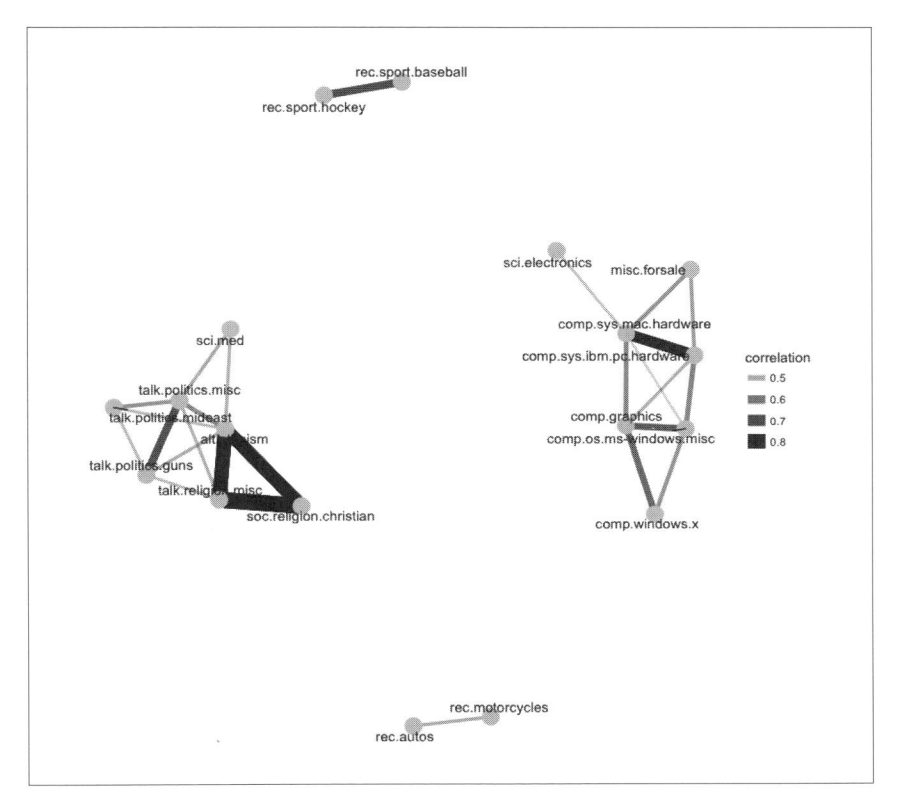

図9-3　頻出語の相関に基づいて描いたUsenetグループのネットワーク。相関が0.4よりも
　　　 大きいものだけを描いている。

　ニュースグループには、コンピュータ/電子工学、政治/宗教、自動車/バイク、
スポーツの4つの大きなクラスタがあるようです。これらのニュースグループに期
待した共通の単語と話題を示したことを考えれば、納得できる結果です。

9.2.2　トピックモデリング

　第6章では、LDA（潜在的ディリクレ配分法）を使って、一連の章を分類してもと
もとどの本に含まれていたのかを推測しました。LDAは、さまざまなニュースグ
ループに含まれているUsenetメッセージも同じように分類できるでしょうか。

　4つの科学関連ニュースグループのメッセージを分類してみましょう。まず、
cast_dtm()でメッセージをDTMにまとめてから（「5.2　整理データの行列へのキャ

ト」参照）、topicmodelsパッケージのLDA()関数でモデルを作り、単語を分類して
みましょう。

```
# 出現頻度が50回以上の単語のみを抽出
word_sci_newsgroups <- usenet_words %>%
  filter(str_detect(newsgroup, "^sci")) %>%
  group_by(word) %>%
  mutate(word_total = n()) %>%
  ungroup() %>%
  filter(word_total > 50)

# sci.cript_14147などの文書名を含んだ形でDTMに変換
sci_dtm <- word_sci_newsgroups %>%
  unite(document, newsgroup, id) %>%
  count(document, word) %>%
  cast_dtm(document, word, n)

library(topicmodels)
sci_lda <- LDA(sci_dtm, k = 4, control = list(seed = 2016))
```

　このモデルが抽出した4つのトピックは何でしょうか。それは4つのニュースグ
ループと一致するでしょうか。このアプローチは、第6章で使ったのと同じです。
含まれている頻出語によってトピックを可視化しましょう。

```
sci_lda %>%
  tidy() %>%
  group_by(topic) %>%
  top_n(8, beta) %>%
  ungroup() %>%
  mutate(term = reorder(term, beta)) %>%
  ggplot(aes(term, beta, fill = factor(topic))) +
  geom_col(show.legend = FALSE) +
  facet_wrap(~ topic, scales = "free_y") +
  coord_flip()
```

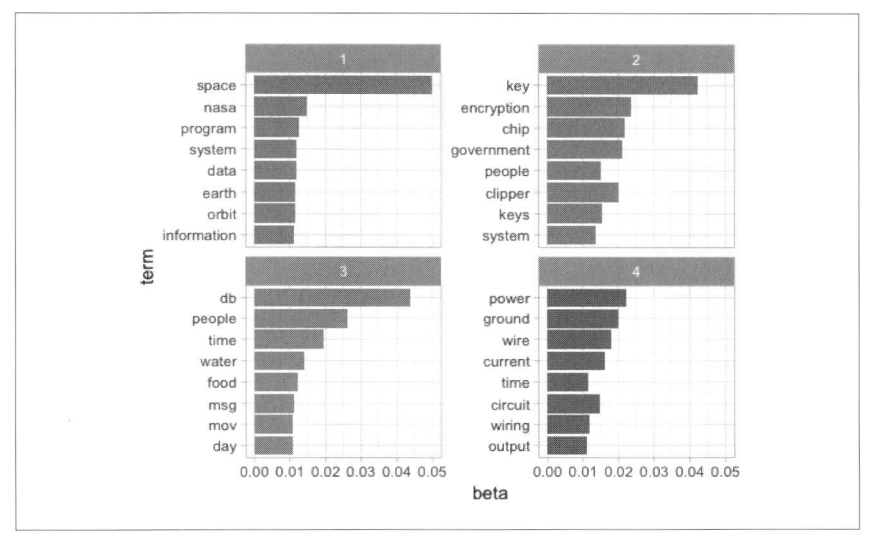

図9-4 LDAが科学関連ニュースグループのメッセージから探し出した4つのトピックの頻出語（8位まで）

　上位の頻出語から、どのトピックがどのニュースグループと結び付いているかを推測してみましょう。トピック1がsci.spaceニュースグループを表していることは間違いありません（何しろ、最頻出語が「space」）。トピック2は「key」や「encryption」といった単語が含まれているので暗号関連だと推測できます。「**6.1.2　文書-トピック確率**」で行ったように、文書（メッセージ）が含まれるニュースグループごとに、各トピックに対する γ を計算すれば、確かめることができます（**図9-5**参照）。

```
sci_lda %>%
  tidy(matrix = "gamma") %>%
  separate(document, c("newsgroup", "id"), sep = "_") %>%
  mutate(newsgroup = reorder(newsgroup, gamma * topic)) %>%
  ggplot(aes(factor(topic), gamma)) +
  geom_boxplot() +
  facet_wrap(~ newsgroup) +
  labs(x = "Topic",
       y = "# of messages where this was the highest % topic")
```

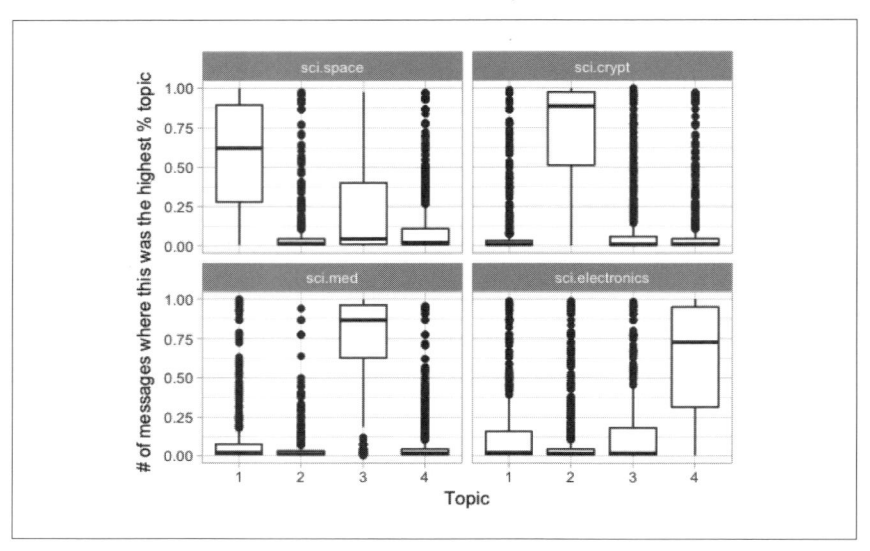

図9-5　個々のUsenetニュースグループの各トピックに対する γ

　文学のテキストを分析したときと同じように、トピックモデリングはラベルがなくてもテキストに含まれるトピックを探し出すことに成功しています。

　ただし、Usenetメッセージの分類は、ほかのトピックに対して高い γ 値を示すメッセージが多数含まれており、文学書を章に分けたときと比べてきれいに分類できているわけではありません。多くのメッセージが短く、頻出語に重なる部分があるので（たとえば、宇宙旅行と電子工学の議論には、共通して含まれる単語が多数あるはずです）、これは意外なことではないでしょう。これはLDAがある程度の重なり合いを認めながら文書をおおよそのトピックに分類することを示すリアルな例です。

9.3　センチメント分析

　第2章で説明したセンチメント分析のテクニックを使えば、これらのUsenetグループへの投稿にポジティブな単語、ネガティブな単語がどれくらいの頻度で現れるかを調べられます。最もポジティブ、あるいはネガティブなニュースグループはどれでしょうか。

　この例では、個々の単語に数値のスコアを与えるAFINNセンチメント辞書を使っ

て棒グラフでニュースグループの感情の度合いを示します（**図9-6**参照）。

```
newsgroup_sentiments <- words_by_newsgroup %>%
  inner_join(get_sentiments("afinn"), by = "word") %>%
  group_by(newsgroup) %>%
  summarize(score = sum(score * n) / sum(n))

newsgroup_sentiments %>%
  mutate(newsgroup = reorder(newsgroup, score)) %>%
  ggplot(aes(newsgroup, score, fill = score > 0)) +
  geom_col(show.legend = FALSE) +
  coord_flip() +
  ylab("Average sentiment score")
```

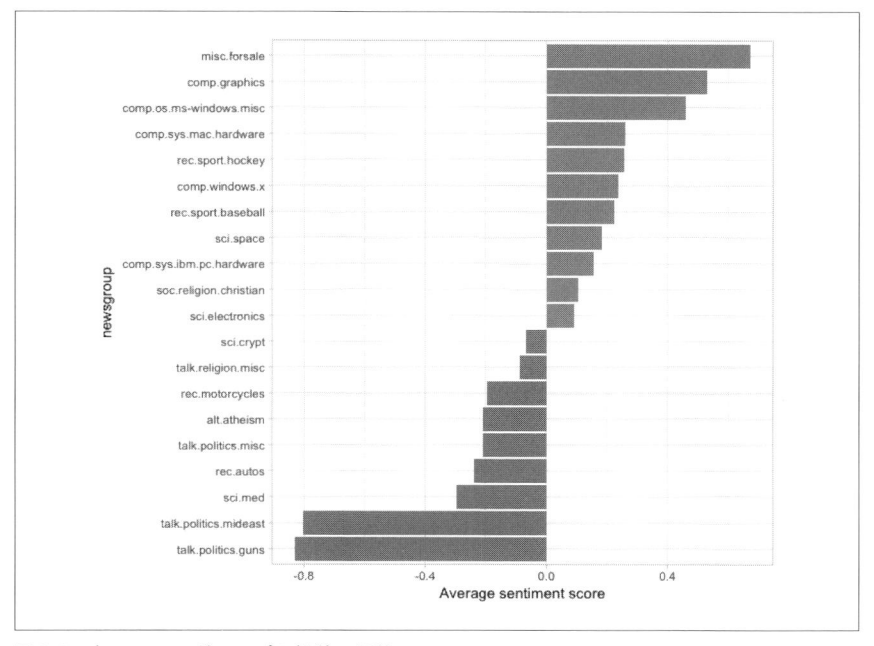

図9-6　各ニュースグループの投稿の平均AFINNスコア

　この分析によれば、misc.forsaleニュースグループが最もポジティブです。ユーザ
が売りたい商品には、ポジティブな形容詞がたくさん付けられているはずですから、
これは納得できる結果です。

9.3.1　単語ごとのセンチメント分析

　ある種のニュースグループがほかのニュースグループよりもポジティブ、あるいはネガティブな感じになる**理由**を理解するために、データをもう少し深く掘り下げてみましょう。個々の単語がポジティブ／ネガティブな感情にどれだけ寄与しているかを調べてみます。

```
contributions <- usenet_words %>%
  inner_join(get_sentiments("afinn"), by = "word") %>%
  group_by(word) %>%
  summarize(occurences = n(),
            contribution = sum(score))

contributions

## # A tibble: 1,909 × 3
##         word occurences contribution
##        <chr>      <int>        <int>
## 1    abandon         13          -26
## 2  abandoned         19          -38
## 3   abandons          3           -6
## 4  abduction          2           -4
## 5      abhor          4          -12
## 6   abhorred          1           -3
## 7  abhorrent          2           -6
## 8  abilities         16           32
## 9    ability        177          354
## 10   aboard          8            8
## # ... with 1,899 more rows
```

　センチメントスコア全体に最も大きな影響を与えた単語はどれでしょうか（**図9-7**参照）。

```
contributions %>%
  top_n(25, abs(contribution)) %>%
  mutate(word = reorder(word, contribution)) %>%
  ggplot(aes(word, contribution, fill = contribution > 0)) +
  geom_col(show.legend = FALSE) +
  coord_flip()
```

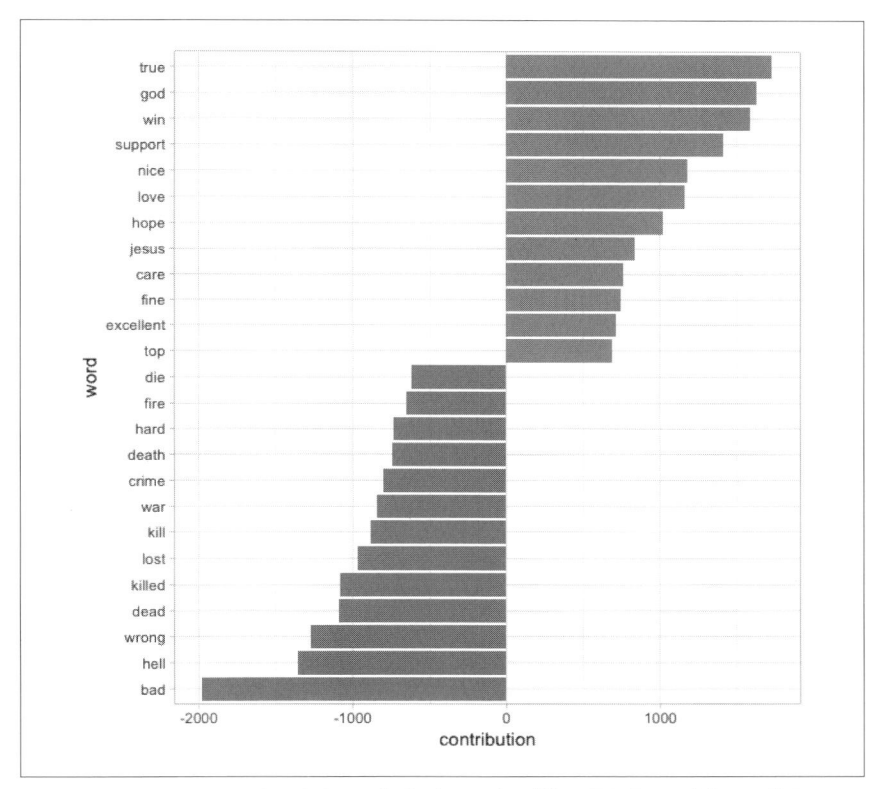

図9-7 Usenetメッセージでポジティブ／ネガティブな感情に最も大きく寄与した単語

　これらの単語は、個々のメッセージの感情を示すものとしておおむね合理的に感じられますが、このアプローチには問題があります。「true」は、「not true」などの否定的な表現の一部に簡単になるし、「God」、「Jesus」といった単語はUsenetでは明らかに多く使用されていますが、ポジティブ、ネガティブのさまざまな文脈で使われています。

　各ニュースグループでセンチメントスコアに最も寄与した単語にも注意する必要があります。その結果によって、感情の推測が間違っているニュースグループがどれかが見えてきます。一部のグループについて、個々の単語がグループの感情スコアに寄与した度合いを計算し、センチメントスコアに最も大きな影響を与えた単語を可視化しましょう（**図9-8**参照）。

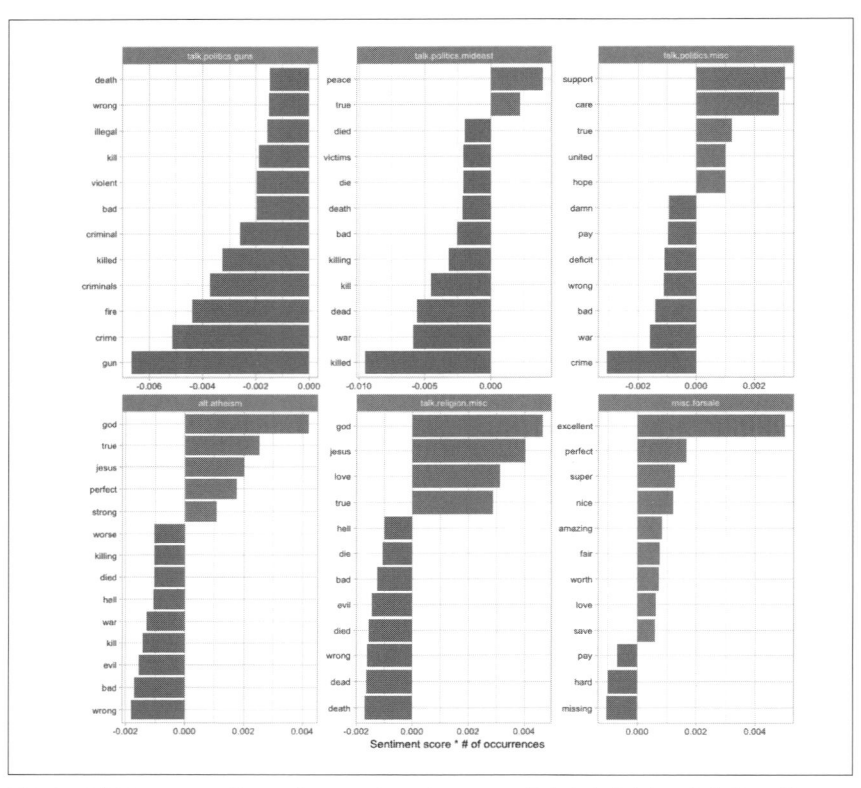

図9-8　6個のニュースグループのセンチメントスコアに最も大きく寄与した上位12語

```
top_sentiment_words <- words_by_newsgroup %>%
  inner_join(get_sentiments("afinn"), by = "word") %>%
  mutate(contribution = score * n / sum(n))

top_sentiment_words
```

```
## # A tibble: 13,063 × 5
##                 newsgroup   word     n score contribution
##                     <chr>  <chr> <int> <int>        <dbl>
## 1 soc.religion.christian    god   917     1  0.014418012
## 2 soc.religion.christian  jesus   440     1  0.006918130
## 3       talk.politics.guns   gun   425    -1 -0.006682285
## 4       talk.religion.misc   god   296     1  0.004654015
## 5              alt.atheism   god   268     1  0.004213770
```

```
## 6    soc.religion.christian   faith   257    1  0.004040817
## 7        talk.religion.misc   jesus   256    1  0.004025094
## 8    talk.politics.mideast  killed   202   -3 -0.009528152
## 9    talk.politics.mideast     war   187   -2 -0.005880411
## 10  soc.religion.christian    true   179    2  0.005628842
## # ... with 13,053 more rows
```

この結果からは、misc.forsaleニュースグループについてのわれわれの仮説が正しかったことが確かめることができます。ポジティブな感情の大半は、「excellent」、「perfect」といった形容詞によるものです。それに対し、atheism（無神論）ニュースグループは、ネガティブなコンテキストで「god」を詳細に論じているはずであり、単語「god」がこのニュースグループを実際よりもポジティブに見せていることがわかります。同様に、talk.politics.gunsグループの単語「gun」（銃）は、メンバーが銃を肯定する立場で議論していても、ネガティブなセンチメントスコアの上昇に寄与しています。

センチメント分析はトピック次第で混乱することがあるということを改めて思い知らされたわけです。分析を深読みする前に、分析に影響を与えそうな単語を検証することが大切です。

9.3.2　メッセージごとのセンチメント分析

単語のセンチメントスコアをnewsgroupではなくidで集計すれば、個別のメッセージの中で最もポジティブなもの、ネガティブなものを探し出すことができます。

```
sentiment_messages <- usenet_words %>%
  inner_join(get_sentiments("afinn"), by = "word") %>%
  group_by(newsgroup, id) %>%
  summarize(sentiment = mean(score),
            words = n()) %>%
  ungroup() %>%
  filter(words >= 5)
```

無作為性が果たす役割を簡単に取り除くための方法として、センチメントスコアに影響を与える単語が5語未満のメッセージを除外しています。

最もポジティブなメッセージはどれでしょうか。

```
sentiment_messages %>%
  arrange(desc(sentiment))

## # A tibble: 3,554 × 4
##                  newsgroup     id sentiment words
##                      <chr>  <chr>     <dbl> <int>
## 1        rec.sport.hockey  53560  3.888889    18
## 2        rec.sport.hockey  53602  3.833333    30
## 3        rec.sport.hockey  53822  3.833333     6
## 4        rec.sport.hockey  53645  3.230769    13
## 5              rec.autos 102768  3.200000     5
## 6           misc.forsale   75965  3.000000     5
## 7           misc.forsale   76037  3.000000     5
## 8      rec.sport.baseball 104458  3.000000    11
## 9        rec.sport.hockey  53571  3.000000     5
## 10 comp.os.ms-windows.misc   9620  2.857143     7
## # ... with 3,544 more rows
```

データセット全体の中で最もポジティブなメッセージで確かめてみましょう。その
ために、指定されたメッセージを表示する短い関数を作ります。

```
print_message <- function(group, message_id) {
  result <- cleaned_text %>%
    filter(newsgroup == group, id == message_id, text != "")

  cat(result$text, sep = "\n")
}

print_message("rec.sport.hockey", 53560)

## Everybody.  Please send me your predictions for the Stanley Cup Playoffs!
## I want to see who people think will win.!!!!!!!
## Please Send them in this format, or something comparable:
## 1. Winner of Buffalo-Boston
## 2. Winner of Montreal-Quebec
## 3. Winner of Pittsburgh-New York
## 4. Winner of New Jersey-Washington
## 5. Winner of Chicago-(Minnesota/St.Louis)
## 6. Winner of Toronto-Detroit
## 7. Winner of Vancouver-Winnipeg
## 8. Winner of Calgary-Los Angeles
## 9. Winner of Adams Division (1-2 above)
## 10. Winner of Patrick Division (3-4 above)
```

```
## 11. Winner of Norris Division (5-6 above)
## 12. Winner of Smythe Division (7-8 above)
## 13. Winner of Wales Conference (9-10 above)
## 14. Winner of Campbell Conference (11-12 above)
## 15. Winner of Stanley Cup (13-14 above)
## I will summarize the predictions, and see who is the biggest
## INTERNET GURU PREDICTING GUY/GAL.
## Send entries to Richard Madison
## rrmadiso@napier.uwaterloo.ca
## PS:  I will send my entries to one of you folks so you know when I say
## I won, that I won!!!!!
```

このメッセージが選ばれたのは、単語「winner」が何度も使われているからのように見えます。最もネガティブなメッセージはどうでしょうか。これもアイスホッケーグループのメッセージでしたが、ずいぶん趣の異なるものです。

```
sentiment_messages %>%
  arrange(sentiment)

## # A tibble: 3,554 × 4
##                  newsgroup     id sentiment words
##                      <chr>  <chr>     <dbl> <int>
## 1       rec.sport.hockey  53907 -3.000000     6
## 2         sci.electronics  53899 -3.000000     5
## 3    talk.politics.mideast  75918 -3.000000     7
## 4              rec.autos 101627 -2.833333     6
## 5           comp.graphics  37948 -2.800000     5
## 6          comp.windows.x  67204 -2.700000    10
## 7       talk.politics.guns  53362 -2.666667     6
## 8             alt.atheism  51309 -2.600000     5
## 9   comp.sys.mac.hardware  51513 -2.600000     5
## 10             rec.autos 102883 -2.600000     5
## # ... with 3,544 more rows

print_message("rec.sport.hockey", 53907)

## Losers like us? You are the fucking moron who has never heard of the Western
## Business School, or the University of Western Ontario for that matter. Why
## don't you pull your head out of your asshole and smell something other than
## shit for once so you can look on a map to see where UWO is! Back to hockey,
## the North Stars should be moved because for the past few years they have
## just been SHIT. A real team like Toronto would never be moved!!!
```

```
## Andrew--
```

ここではセンチメント分析が見事に成功していると言えます。

9.3.3　nグラム解析

　第4章では、「don't like」のようなフレーズのためにその部分が誤ってポジティブに分類されるようなことを考慮して、「not」や「no」などの単語が与える影響を計算しながらジェーン・オースティンの小説のセンチメント分析を行いました。Usenetデータセットは、ジェーン・オースティンの小説よりも新しいテキストをはるかに大規模に集めたコーパスなので、センチメント分析がどのような形で逆になるかにも興味がわきます。

　まず、Usenetポストに含まれるすべてのバイグラムを探して数えるところから始めます。

```
usenet_bigrams <- cleaned_text %>%
  unnest_tokens(bigram, text, token = "ngrams", n = 2)

usenet_bigram_counts <- usenet_bigrams %>%
  count(newsgroup, bigram, sort = TRUE) %>%
  ungroup() %>%
  separate(bigram, c("word1", "word2"), sep = " ")
```

　次に、「no」、「not」、「without」など、否定のために使われる6つの単語のリストを定義し、これらの後ろに続くことが多い感情を表す単語を可視化します（**図9-9**参照）。これらは、センチメントスコアを「間違った」方向に引っ張ることが多い単語ということになります。

```
negate_words <- c("not", "without", "no", "can't", "don't", "won't")

usenet_bigram_counts %>%
  filter(word1 %in% negate_words) %>%
  count(word1, word2, wt = n, sort = TRUE) %>%
  inner_join(get_sentiments("afinn"), by = c(word2 = "word")) %>%
  mutate(contribution = score * nn) %>%
  group_by(word1) %>%
  top_n(10, abs(contribution)) %>%
  ungroup() %>%
  mutate(word2 = reorder(paste(word2, word1, sep = "__"), contribution)) %>%
```

```r
ggplot(aes(word2, contribution, fill = contribution > 0)) +
geom_col(show.legend = FALSE) +
facet_wrap(~ word1, scales = "free", nrow = 3) +
scale_x_discrete(labels = function(x) gsub("__.+$", "", x)) +
xlab("Words preceded by a negation") +
ylab("Sentiment score * # of occurrences") +
theme(axis.text.x = element_text(angle = 90, hjust = 1)) +
coord_flip()
```

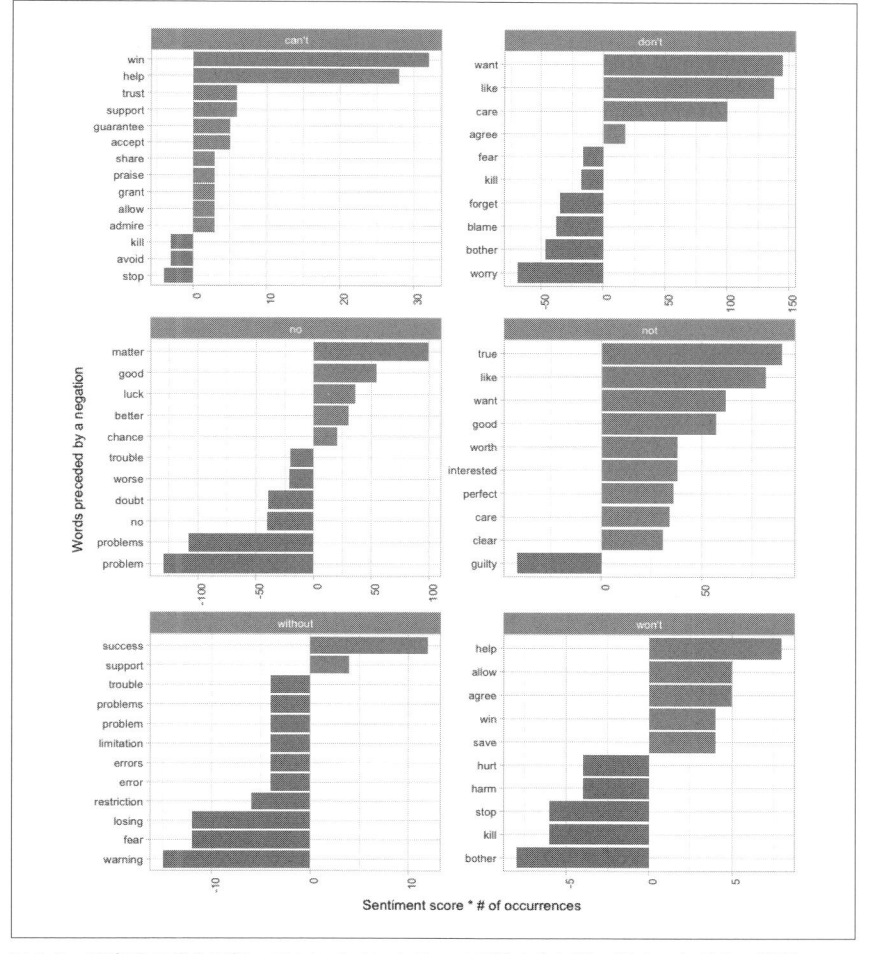

図9-9　否定語の後ろに続いてセンチメントスコアを逆方向に引っ張ることが多い単語

　単語をポジティブと誤解する原因として最も大きなものは「don't want/like/care」、そしてネガティブと誤分類する最大の原因は「no problem」のようです。

9.4　まとめ

　この章のUsnetメッセージの分析では、tf-idf、トピックモデリング、センチメント分析、nグラムトークン化など、本書で説明したほぼすべての整理テキストマイニング手法を駆使しました。章全体、いやケーススタディ全体で、データの探索、可視化のために私たちが使ってきたのは、ごく少数の共通ツールだけです。これらの例からは、あらゆる整理テキスト分析にとどまらず、あらゆる整理データ分析の共通点が見えてくるはずです。

参考文献

Abelson, Hal. 2008. "Foreword." In *Essentials of Programming Languages, 3rd Edition*. The MIT Press.

Arnold, Taylor B. 2016. "cleanNLP: A Tidy Data Model for Natural Language Processing." https://cran.r-project.org/package=cleanNLP

Arnold, Taylor, and Lauren Tilton. 2016. "coreNLP: Wrappers Around Stanford Corenlp Tools."
https://cran.r-project.org/package=coreNLP

Benoit, Kenneth, and Paul Nulty. 2016. "quanteda: Quantitative Analysis of Textual Data." https://CRAN.R-project.org/package=quanteda

Feinerer, Ingo, Kurt Hornik, and David Meyer. 2008. "Text Mining Infrastructure in R." *Journal of Statistical Software* 25 (5): 1–54.
http://www.jstatsoft.org/v25/i05/

Loughran, Tim, and Bill McDonald. 2011. "When Is a Liability Not a Liability? Textual Analysis, Dictionaries, and 10-Ks." *The Journal of Finance* 66 (1): 35–65.
https://doi.org/10.1111/j.1540-6261.2010.01625.x

Mimno, David. 2013. "mallet: A Wrapper Around the Java Machine Learning Tool Mallet." https://cran.r-project.org/package=mallet

Mullen, Lincoln. 2016. "tokenizers: A Consistent Interface to Tokenize Natural Language Text."
https://cran.r-project.org/package=tokenizers

Pedersen, Thomas Lin. 2017. "ggraph: An Implementation of Grammar of Graphics for Graphs and Networks."
https://cran.r-project.org/package=ggraph

Rinker, Tyler W. 2017. "sentimentr: Calculate Text Polarity Sentiment." Buffalo, New York: University at Buffalo/SUNY.
http://github.com/trinker/sentimentr

Robinson, David. 2016. "gutenbergr: Download and Process Public Domain Works from Project Gutenberg."
https://cran.rstudio.com/package=gutenbergr

Robinson, David. 2017. "broom: Convert Statistical Analysis Objects into Tidy Data Frames."
https://cran.r-project.org/package=broom

Silge, Julia. 2016. "janeaustenr: Jane Austen's Complete Novels."
https://cran.r-project.org/package=janeaustenr

Silge, Julia, and David Robinson. 2016. "tidytext: Text Mining and Analysis Using Tidy Data Principles in R." *The Journal of Open Source Software* 1 (3).
https://doi.org/10.21105/joss.00037

Wickham, Hadley. 2007. "Reshaping Data with the reshape Package." *Journal of Statistical Software* 21 (12): 1–20.
http://www.jstatsoft.org/v21/i12/. (邦題『グラフィックスのためのRプログラミング：ggplot2入門』丸善出版

Wickham, Hadley. 2009. *ggplot2: Elegant Graphics for Data Analysis*. Springer-Verlag New York.
http://ggplot2.org

Wickham, Hadley. 2014. "Tidy Data." *Journal of Statistical Software* 59 (1): 1–23.
https://doi.org/10.18637/jss.v059.i10

Wickham, Hadley. 2016. "tidyr: Easily Tidy Data with 'spread()' and 'gather()' Functions."
https://cran.r-project.org/package=tidyr.

Wickham, Hadley, and Romain Francois. 2016. "dplyr: A Grammar of Data Manipulation."
https://cran.r-project.org/package=dplyr

索引

た行

●著者紹介

Julia Silge（ジュリア・シルジ）

Stack Overflow のデータサイエンティスト。複雑なデータセットの分析、多様なユーザとの技術トピックのやり取りを行う。天体物理学の PhD を取得。ジェーン・オースティンと美しいグラフの作成を愛する。

David Robinson（デビッド・ロビンソン）

Stack Overflow のデータサイエンティスト。プリンストン大で量子・計算生物学の PhD を取得。broom、gganimate、fuzzyjoin、sidyr などのオープンソースの R パッケージの開発を楽しむ。

●監訳者紹介

大橋 真也（おおはし しんや）

千葉大学理学部数学科卒業、千葉大学大学院教育学研究科修士課程修了。
千葉県公立高等学校教諭
千葉大学非常勤講師、Apple Distinguished Educator、Wolfram Education Group、日本数式処理学会、CIEC（コンピュータ利用教育学会）
現在、千葉県立千葉中学校・千葉高等学校 数学科 教諭
著書に『入門 Mathematica 決定版』（東京電機大学出版局）、『ひと目でわかる最新情報モラル』（日経 BP）などが、訳書に『R クイックリファレンス』、監訳書に『Head First データ解析』、『R クックブック』、『アート・オブ・R プログラミング』、『RStudio ではじめる R プログラミング入門』、『R ではじめるデータサイエンス』、『データサイエンスのための統計学入門』（以上すべてオライリー・ジャパン）がある。

●訳者紹介

長尾 高弘（ながお たかひろ）

1960 年生まれ。東京大学教育学部卒。1987 年頃からアルバイトで技術翻訳を始め、1988 年に㈱エービーラボに入社し、取締役として 97 年まで在籍する。1997 年に㈱ロングテールを設立し、社長に就任して現在に至る。訳書は 140 冊ほどで、最近のものとして、『入門 Python 3』、『scikit-learn と TensorFlow による実践機械学習』、『Python によるデータラングリング』（オライリー・ジャパン）、『The DevOps Handbook』（日経 BP 社）、『R による機械学習』（翔泳社）、『Scala スケーラブルプログラミング第 3 版』（インプレス）などがある。http://www.longtail.co.jp

カバー説明

表紙の動物は、アナウサギ（European rabbit、学名 Oryctolagus cuniculus）です。もともとスペイン、ポルトガル、北アフリカに生息していましたが、ヨーロッパ諸国による植民地化に伴い、世界中に広がりました。アナウサギの天敵がいないオーストラリアやニュージーランドなどでは、侵略的外来種に分類されています。

体長は 34 〜 50 センチ、毛の色は灰色がかった茶色をしていて、よく発達した後ろ足のおかげで速く走ることができます。また、社会性を持ち、群れを作って暮らします。草、種子、樹皮、根、野菜などを餌とします。

ヨーロッパでは、ローマ帝国の時代から飼育され、食用や毛皮用に利用されてきたほか、ペットとしても愛されてきました。アナウサギから生み出された品種としては、アンゴラウサギやホーランド・ロップなどがあります。

O'Reilly 書籍のカバーに使われている動物の多くは絶滅の危機に瀕しています。そのすべての動物が世界にとって重要です。動物たちを救う手助けをしたいと思ったら、animals.oreilly.com のサイトを訪ねてみてください。

Rによるテキストマイニング
tidytextを活用したデータ分析と可視化の基礎

2018年 5 月22日　　　　初版第 1 刷発行

著　　　者	Julia Silge（ジュリア・シルジ）	
	David Robinson（デビッド・ロビンソン）	
監 訳 者	大橋 真也（おおはし しんや）	
訳　　　者	長尾 高弘（ながお たかひろ）	
発 行 人	ティム・オライリー	
制　　　作	ビーンズ・ネットワークス	
印刷・製本	株式会社平河工業社	
発 行 所	株式会社オライリー・ジャパン	
	〒160-0002　東京都新宿区四谷坂町12番22号	
	Tel　(03)3356-5227	
	Fax　(03)3356-5263	
	電子メール　japan@oreilly.co.jp	
発 売 元	株式会社オーム社	
	〒101-8460　東京都千代田区神田錦町3-1	
	Tel　(03)3233-0641（代表）	
	Fax　(03)3233-3440	

Printed in Japan（ISBN978-4-87311-830-7）
乱丁本、落丁本はお取り替え致します。